ESSAI

SUR LES

MOLLUSQUES

TERRESTRES ET FLUVIATILES

ET LEURS COQUILLES VIVANTES ET FOSSILES

DU

Département du Gers.

AVIS

A MM. LES NATURALISTES.

—

M. l'abbé Dupuy *se fera un plaisir d'adresser aux Naturalistes qui le désireront, soit les Mollusques, soit les Plantes du département du Gers.*

Ils lui feront plaisir s'ils peuvent lui envoyer en échange les productions naturelles de leurs contrées.

ESSAI

SUR LES

MOLLUSQUES

TERRESTRES ET FLUVIATILES

ET LEURS COQUILLES VIVANTES ET FOSSILES

DU

DÉPARTEMENT DU GERS,

Par M. l'Abbé **D. DUPUY,**

Professeur d'Histoire Naturelle au Petit Séminaire d'Auch.

Omnipotens manus tua.... creavit in cœlo Angelos, in terra vermiculos ; non superior in illis, non inferior in istis

St.-August. *Soliloq.*

AUCH,

J.-A. PORTES, LIBRAIRE. | L.-A. BRUN, LIBRAIRE.

PARIS,

P.-J. LOSS, LIBRAIRE,

Rue Hautefeuille, 20, et Mignon, 9.

M. DCCC. XLIII.

Auch, Imprimerie de J.-A. PORTES.

A LA MÉMOIRE

de mon Père.

A ma bonne Mère.

A mon Frère bien-aimé.

Témoignage de la plus tendre affection.

D. DUPUY.

PRÉFACE.

C'est pour mes jeunes Élèves que j'écris cet opuscule, fruit de plusieurs années de recherches et d'observations. Il ne sera, je l'espère, que le commencement d'une série de publications dans lesquelles nous donnerons (1) successivement et à proportion que les matériaux seront suffisamment rassemblés, l'histoire et la description des diverses productions naturelles du département du

---

(1) Je dis *nous,* parce que je compte sur la collaboration de plusieurs amis des sciences naturelles, sur celle de MM. Rous et Irat, entre autres, qui se sont occupés avec autant de zèle que de succès de la recherche et de l'étude des plantes du département. J'espère que M. l'abbé Boubée nous donnera, sur les insectes de nos pays, un bon travail dont il rassemble les matériaux depuis long-temps. Il serait bien à désirer que M. Ed. Lartet publiât toutes ses belles découvertes sur les ossements fossiles de nos contrées et de Sansan en particulier.

Gers. Aussi je m'empresse de réclamer le concours de toutes les personnes qui pourraient avoir ou des notes ou des objets à nous communiquer.

Je suis loin de penser avoir complétement rempli ma tâche. Bien des objets auront sans doute échappé à mes investigations (1). Il reste encore à faire beaucoup d'observations curieuses et intéressantes. La publication de ce petit ouvrage me paraît le moyen le plus sûr d'arriver à la connaissance de tous les Mollusques et en particulier des coquilles fossiles dont un grand nombre nous sont encore certainement inconnus. J'aurai soin de publier les nouvelles découvertes à proportion qu'elles me seront connues.

Le travail que j'offre à mes jeunes Amis

---

(1) J'ai été aidé dans mes recherches par MM. Sentetz, Rous, Ed. Lartet, et aussi par un grand nombre de mes Élèves. Le bon ouvrage de M. Noulet sur les Mollusques du bassin sous-Pyrénéen m'a été fort utile, et je crois que les travaux du naturaliste Toulousain ont puissamment contribué à répandre dans notre jeunesse le goût des études naturelles locales

leur fournira dumoins l'indication des localités précises où ils pourront chercher les espèces dont ils trouveront une description courte mais suffisante, ce me semble, pour la détermination exacte de chacune d'elles.

J'ai pensé que le moyen le plus sûr d'arriver facilement au nom d'une espèce, était d'offrir un tableau d'après la méthode dichotomique si heureusement employée dans la Flore Française de LAMARK et DE CANDOLLE; aussi j'ai placé en tête de mon travail le tableau de tous les genres que j'ai décrits, et à la suite de la caractéristique de chaque genre celui de toutes les espèces vivantes.

J'ai eu à ma disposition, pour la détermination des espèces, les bons ouvrages de MM. DRAPARNAUD, MICHAUD, DE FÉRUSSAC, LAMARK, DE BLAINVILLE, DESHAYES, ROSSMASSLER, SANDER-RANG, etc. Je cite presque toujours les figures des deux premiers de préférence à celles de plusieurs autres ouvrages qu'il est plus difficile d'avoir entre les mains. Ayant visité avec soin l'immense collection du Muséum Royal

de Paris, et surtout la magnifique série d'hélices de M. MICHAUD (1), j'ai pu être sûr de
mes déterminations, d'autant que je dois à
l'obligeance et à la généreuse libéralité du
savant officier la communication de la plupart des espèces décrites dans mon Essai. Je
le prie d'accepter ici le faible témoignage de
ma reconnaissance. J'aurai toujours soin, au
moins pour les espèces rares, de citer à la suite
de mes descriptions et de l'indication des localités, le nom des personnes qui ont bien
voulu me fournir des renseignements accom-
pagnés d'échantillons.

Presque toujours j'ai adopté le nom de
DRAPARNAUD; mais dans quelques cas rares il
m'a paru convenable de restituer aux espèces
les noms les plus anciens même lorsqu'ils paraissent défectueux. C'est une justice que l'on
doit à ceux qui ont les premiers imposé un

---

(1) Les collections, la bibliothèque et les conseils de M.
MOQUIN-TENDON, m'ont été d'un grand secours. Je suis heureux de pouvoir le remercier ici de ses communications et
de sa complaisance.

nom, d'autant que peu importe la dénomination d'une espèce pourvu qu'elle soit généralement adoptée. Il serait bien utile qu'en France, comme en Allemagne, les hommes qui priment dans la science vinssent s'attacher à fixer la synonymie d'une manière définitive et permanente sur la base de la priorité. Il m'aura sans doute échappé des erreurs dans le peu que j'ai essayé; j'espère que quelque naturaliste plus habile voudra bien réparer mes omissions et rectifier mes erreurs.

J'ai rarement indiqué les variétés dans les espèces, parce que dans un grand nombre de cas elles sont si multipliées et les transitions de l'une à l'autre si insensibles, qu'il me paraît non seulement difficile, mais même inutile d'en préciser les limites; il m'a semblé préférable d'assigner les deux extrèmes, soit de taille, soit de forme, soit de couleur dans l'animal ou sa coquille. Cependant toutes les fois que les variétés sont assez nettement tranchées, je les ai indiquées avec exactitude.

Une espèce du genre *Unio* m'a paru nouvelle; j'ai eu soin de la faire figurer, parce
que si elle avait été déjà décrite dans des travaux qui me soient demeurés inconnus, cette
précaution fournira un moyen facile de rectifier mon erreur sans ajouter à la confusion
de la synonymie (1).

Enfin, j'ai cru devoir prendre pour limite
géographique de mon travail, les limites
mêmes de notre département, et non une
circonscription géologique plus nettement
tranchée et qui aurait été certainement plus
naturelle. Je me suis déterminé dans ce choix
par les considérations suivantes :

Un bassin géologique se trouvant d'ordinaire partagé entre plusieurs départemens,
les relations avec les diverses personnes qui

---

(1) A la fin de mon travail j'ai signalé le petit nombre
d'espèces fossiles que j'ai rencontrées jusqu'ici. J'en ai vu et
j'en possède plusieurs autres que je ne détermine pas, parce
que les échantillons sont incomplets et difficilement reconnaissables, aimant mieux ne pas donner d'indication que
de n'en fournir que de douteuses ou hasardées.

peuvent fournir les renseignements nécessaires, deviennent beaucoup plus difficiles, moins par l'éloignement des lieux que par le défaut de circonstances qui ramènent à un centre commun d'affaires. Le chef-lieu d'un département me paraît toujours offrir ces avantages.

Un ouvrage, et surtout une série d'ouvrages d'histoire naturelle sur un département aussi essentiellement agricole que le nôtre, pourrait peut-être amener quelques heureux résultats ; et pour arriver à ce but, il me semble plus utile de me borner à la limite d'un pays dont tous les intérêts sont communs.

Enfin, mes Élèves appartenant en très-grande partie au département du Gers, j'ai cru que ce devait être pour moi une forte raison de m'en tenir, pour le moment, à cette limite.

Puisse mon travail ne pas leur être entièrement inutile et leur suggérer quelquefois la

pensée de s'élever à des idées plus hautes dont
ils trouveront une belle expression dans les
écrits de plusieurs de nos naturalistes les plus
distingués, entre autres dans le bon ouvrage
géologique de M. BUCKLAND (1) et les excel-
lentes leçons de M. DE BLAINVILLE à la Sor-
bonne et au Jardin des Plantes.

(1) La Géologie et la Minéralogie dans leurs rapports, etc.,
par le docteur BUCKLAND ; traduit de l'anglais par *Doyère*.
2 vol. in-8º. Paris, chez Crochard.

INTRODUCTION.

La classe des Mollusques se compose d'une partie des vers de Linné et de Bruguières. Georges Cuvier crut, le premier, devoir séparer ce groupe d'êtres si intéressants sous plus d'un rapport (1), et en forma le deuxième grand embranchement des animaux dans un de ses immortels Ouvrages (2).

Il est, je crois, inutile de discuter ici la place que les Mollusques doivent occuper dans la grande série animale. Doivent-ils être avant ou après les animaux articulés ? Quoiqu'il en soit, tout ce que nous avons à dire sur ces animaux est indépendant de cette question. Aussi la laisserons-nous entièrement de côté, et nous contenterons-nous d'exposer en très-peu de mots ce qu'il y a de plus saillant et de plus remar-

---

(1) Uu grand nombre sert de nourriture et est même recherché par les gourmets : ainsi plusienrs moules, huîtres, venus, et même nos hélix. — D'autres servent dans la teinture et donnent de belles couleurs ; ainsi la pourpre des anciens était-elle fournie par un Mollusque (*Murex Brandaris*. Lin.) Quelques uns ont été employés dans le traitement de certaines maladies, spécialement dans les phthisies pulmonaires. Les coquilles dont plusieurs sont revêtus servent dans quelques contrées à la fabrication de la chaux.

(2) Le *Règne Animal*.

quable dans leur organisme, soit intérieur, soit extérieur.

Nous allons passer successivement en revue les diverses fonctions des appareils du système nutritif, respiratoire, circulatoire, nerveux et locomoteur, et chacun d'eux nous fournira une nouvelle preuve de cette sagesse intelligente qui a présidé à l'organisation de l'être le plus bas placé dans l'échelle zoologique comme à celle du chef-d'œuvre de la création.

Les Mollusques se présentent, en général, sous la forme d'animaux mollasses, souvent spiraux, d'ordinaire enveloppés en entier ou à demi par un appendice particulier, plus ou moins extensible, qui porte le nom, tantôt de cuirasse, tantôt de manteau. Dans un grand nombre de cas, ces animaux sont recouverts d'un test calcaire dont la matière est fournie et comme exsudée par la partie extérieure du manteau ou la surface intérieure de la cuirasse. Il se compose d'une, de deux et assez rarement de plusieurs pièces.

Ce test calcaire porte le nom de coquille. La coquille est spirale dans le plus grand nombre de cas : c'est, presque toujours, lorsqu'elle n'est formée que d'une seule pièce (1). Lorsqu'elle est composée de

____

(1) La coquille est alors appelée univalve.

deux valves (1), elle affecte rarement cette disposition, et jamais chez les Mollusques fluviatiles dont nous aurons à nous occuper dans cet opuscule. Enfin, lorsqu'elle est composée d'un plus grand nombre de pièces (2), elle ne prend jamais cette forme.

Quelquefois la coquille est intérieure comme dans les *Limaces*, et dans ce cas elle sert à protéger les organes les plus essentiels. Elle est alors située dans l'épaisseur de la cuirasse ou du manteau. Elle se réduit à quelques granulations arénacées dans les *Arions*. Enfin, un grand nombre de Mollusques pélasgiens principalement, en sont entièrement dépourvus. Mais n'ayant point à nous occuper de ces derniers, nous ne parlerons que des organes relatifs aux Mollusques *Gastéropodes* et *Acéphales* dont une petite partie fait le sujet de notre Essai.

Dans les Gastéropodes, la bouche est placée à la partie antérieure-inférieure de la tête, qui s'allonge quelquefois de manière à former une sorte de trompe ou de muffle avancé. Elle est garnie, dans un grand nombre, d'une ou plusieurs dents cornées qui favorisent singulièrement la préhension des aliments.

---

(1) La coquille dans ce cas porte le nom de bivalve et chacune des pièces s'appelle valve.

(2) Elle porte alors le nom de multivalve.

Rarement celles-ci servent d'une manière active à la mastication ; mais elles lui sont très-utiles en fournissant un point d'appui à l'appendice linguiforme situé en arrière dans l'œsophage (1).

Le canal alimentaire est fort simple : l'estomac consiste en un renflement plus ou moins développé, dont la partie abdominale vient, après quelques circonvolutions, se déboucher dans le voisinage de l'ouverture de la cavité respiratoire (lorsqu'elle existe).

La masse de l'appareil nutritif est en partie entouré par un organe composé d'une multitude de petites masses granulaires dont l'ensemble constitue le foie. Il paraît que certains de ces animaux, extrêmement voraces comme les *Limaces* et les *Hélices*, ont une grande facilité de digestion, puisqu'ils dévorent les végétaux en si grande quantité. On s'en rend facilement raison lorsqu'on réfléchit à l'activité que doit donner à cette fonction la bile abondamment sécrétée par un foie aussi volumineux.

Les Acéphales paraissent, au contraire, ne se nourrir que des particules extrêmement petites, soit végétales, soit animales, qui leur sont apportées par l'eau qui entre dans leurs valves. Elles sont reçues dans la bouche située entre les lobes du manteau.

---

(1) Cet appendice manque dans certains genres.

L'appareil de la respiration est pulmonaire ou branchial, selon les divers groupes de ces animaux (1), et souvent de la dernière simplicité. Dans les pulmonés, il est représenté par une cavité toute revêtue d'un lacis de vaisseaux qui communique avec l'extérieur par un trou arrondi ou une fente que l'animal a la faculté d'ouvrir ou de fermer à volonté. Les pulmonés terrestres respirent l'air en nature à la surface du sol sur lequel ils vivent, et les pulmonés aquatiques viennent le respirer à la surface de l'eau dans laquelle on les voit fréquemment nager ou plutôt ramper sur leur pied la coquille en bas.

L'appareil branchial diffère peu de celui des poissons dans les Mollusques Acéphales chez lesquels il se présente sous la forme d'une suite de lames pectiniformes placées entre le corps et le manteau des deux côtés de l'animal. Dans les Gastéropodes, au contraire, cet appareil se présente d'abord sous la forme de granulations plus ou moius aplaties et striées qui finissent à l'extrémité de la série, chez les *Valvées*, par exemple, par offrir l'aspect de véritables branchies en plumet.

La circulation est double, composée d'un appa-

---

(1) Il passe par des nuances insensibles de la première de ces formes à la seconde.

reil artériel et d'un appareil veineux. Le cœur plus ou moins musculaire, est situé communément au-dessus du canal intestinal. Il est composé d'ordinaire d'une oreillette et d'un ventricule, et le fluide nourricier (sang), d'une couleur blanchâtre tirant souvent sur le cendré bleuâtre, suit à peu près les mêmes conditions que le sang rouge et froid dans les animaux vertébrés inférieurs.

Le système nerveux consiste en un appareil ganglionnaire formant, par la réunion de plusieurs ganglions, une masse qui constitue le cerveau. Il est situé au-dessus du canal alimentaire. Avec ce centre communiquent, par des filets nerveux, les divers ganglions qui servent à fournir les nerfs des différents sens dont ces animaux sont pourvus; comme aussi ceux qui président aux organes des diverses parties du corps, de la masse viscérale en particulier. Un réseau de nerfs très-déliés est placé immédiatement au-dessous des premières couches de la peau, pour présider, soit aux mouvements, soit aux autres fonctions exercées par cet organe.

Dans tous les Gastéropodes, soit terrestres, soit aquatiques, l'appareil locomoteur présente le même aspect. Il consiste en un disque plus ou moins allongé placé sous la masse ventrale, et composé d'un grand nombre de fibres. Toutes concourent à la marche, qui est une sorte de reptation différente cependant de celle des reptiles ophydiens.

Le disque charnu des Gastéropodes terrestres est muni d'une matière visqueuse dont ces animaux se servent pour adhérer aux corps, soit lorsqu'ils rampent, soit lorsqu'ils demeurent en repos. Dans la reptation, chacune des petites masses fibreuses sert successivement de point d'appui à la masse suivante, et il s'opère ainsi un mouvement ondulatoire de la partie antérieure à la partie postérieure du pied. On peut facilement voir ce mode de reptation en plaçant une *Hélice* ou une *Limace*, par exemple, sur une plaque mince de verre à travers laquelle on pourra parfaitement distinguer chacun des mouvements du disque charnu de ces animaux.

Les Mollusques terrestres laissent après eux des traces de reptation par le mucus plus ou moins abondant, (selon les espèces), qu'ils abandonnent sur les corps à leur passage. Ce mucus se présente alors sous la forme d'une pellicule extrêmement mince, luisante, d'un blanc argenté ou un peu jaunâtre.

La reptation des Gastéropodes aquatiques se fait de la même manière, soit sur les corps submergés, soit à la surface de l'eau où ces animaux rampent (et ne nagent pas). Mais alors ils sont forcés de le faire comme nous l'avons dit plus haut, le disque

charnu tourné vers la surface du liquide et la coquille en bas.

Les Mollusques Acéphales tantôt rampent sur
une sorte de pied linguiforme, tantôt sautent plutôt
qu'ils ne rampent, en s'aidant d'un long appendice
dont ils sont munis, et sur lequel ils s'élancent
brusquement. On peut voir ce curieux mode de
progression dans toutes les *Cyclades*, et particulièrement dans celle des fontaines *(Cyclas fontinalis)*,
en les plaçant dans un verre d'eau limpide.

Ces animaux, en général, et ceux dont nous nous
occupons, en particulier, ne jouissent pas de tous
les sens des animaux supérieurs, et tous ne les possèdent pas au même degré ni en même nombre.

Le sens de la vue manque entièrement chez les
Acéphales et paraît exister chez les Gastéropodes;
mais il me semble que l'étendue de l'exercice de ce
sens est fort bornée dans ces derniers. J'ai plusieurs
fois essayé de m'assurer de la portée de la vision de
ces animaux en plaçant différents corps devant les
organes de la vue, et toujours j'ai cru remarquer
qu'ils n'étaient guères sensibles qu'à une distance si
peu considérable qu'on serait porté à douter si la
sensibilité qu'ils manifestent est conséquente au sens
de la vue ou à celui du toucher, ou bien à l'impression que doit produire sur des animaux si mu-

queux le développement de chaleur produit par un corps en ignition comme un charbon embrasé, par exemple, ou la flamme d'une lampe.

Les organes de ce sens sont diversement placés suivant les divers genres. On les trouve, tantôt à l'extrémité, tantôt à la base d'appendices allongés situés à la partie antérieure-supérieure de la tête : ces appendices portent le nom de tentacules. L'œil, ou du moins l'organe considéré comme tel, est ordinairement d'une couleur noire ou noirâtre.

Le sens de l'ouïe semble manquer chez ces animaux, et si quelquefois ils semblent percevoir un son très-fort, on doit l'attribuer à la sensation que produisent les vibrations sonores sur les organes du toucher.

Le sens du goût existe-t-il ? On s'accorde communément à en adopter l'existence. Mais on est loin d'en connaître exactement le siége. On le place d'ordinaire dans la région de l'appendice lingual dont nous avons déjà parlé. Ce qui paraît sûr, c'est que ces animaux dévorent certaines plantes avec beaucoup plus d'avidité que certaines autres, toutes les circonstances qui semblent devoir leur en faciliter la manducation demeurant d'ailleurs les mêmes ; d'où l'on est obligé de conclure qu'ils trouvent plus de saveur dans telle nourriture que dans telle autre.

Ils possèdent certainement le sens de l'odorat, puisque, par l'impression de certaines odeurs fortes, on les voit se contracter pour s'y soustraire autant qu'il est en leur pouvoir, ou bien se développer et s'allonger pour se rapprocher d'un corps odorant qui leur plaît. Les uns placent le siége de ce sens aux tentacules non oculés, les autres dans la membrane du manteau, d'autres enfin dans toute l'étendue de la peau qui, par son organisation muqueuse, semble se rapprocher beaucoup de la membrane pituitaire, siége de l'olfaction dans les animaux supérieurs.

D'après les expériences que j'ai essayées principalement sur la Limace tachetée (*Limax variegatus*, Drap.) (1), il me semblerait que le siége principal de l'odorat, résiderait dans les tentacules oculés. Je plaçai plusieurs de ces Mollusques dans un appartement carrelé. Je répandis quelques petites ondées d'eau de fleur d'oranger. Les Limaces parurent d'abord ne pas être incommodées par cette odeur ; elles s'allongèrent même beaucoup et se dirigèrent vers la place sur laquelle j'avais répandu la liqueur. Mais biëntôt elles retirèrent leurs tentacules avec vivacité. Les mouvements de contraction et de rétraction de ces organes se fesaient avec une rapidité étonnante :

---

(1) Jai choisi cette espèce de préférence parceque ses mouvemens vifs et rapides facilitent beaucoup l'observation des moindres phénomènes.

bientôt tout leur corps se contracta avec violence, mais d'une manière bien moins vive que les tentacules. Enfin, elles tordirent tout leur corps et se couchèrent sur leur dos. Je les éloignai, et bientôt elles reprirent leur premier état de vigueur et de santé. L'alkali volatil produisit encore un effet plus violent. Lorsqu'elles se trouvèrent sous l'impression de ce liquide, à toutes les circonstances de l'expérience précédente vint se joindre un nouveau phénomène. Chacun des Mollusques soumis à son action laissa exsuder de son corps un mucus très-abondant, à-peu-près comme lorsqu'on les plonge dans l'esprit-de-vin, cherchant à se garantir sans doute par ce moyen du contact de l'air chargé des vapeurs et odeurs suffocantes de l'alkali volatil.

Le toucher est le sens qui paraît le plus développé dans les Mollusques Gastéropodes; les Acéphales semblent n'en jouir que d'une manière bien imparfaite. Mais le siége en réside-t-il indifféremment et au même degré dans toutes les parties du corps, ou bien est-il fixé à quelque organe en particulier?

Il paraît que dans les Gastéropodes les tentacules sont le siége principal de ce sens, au moins est-ce dans ces parties qu'il se manifeste avec le plus de délicatesse. Certaines régions du corps ne présentent presque aucune sensibilité.

Le mode de reproduction des Mollusques est ovipare ou ovo-vivipare.

L'une des particularités les plus remarquables de leur organisation, c'est la facilité de reproduire les parties retranchées de leur corps. Il paraîtrait, d'après les expériences faites sur un grand nombre et répétées plusieurs fois, en particulier sur les espèces du genre *Hélix*, que même la tête tout entière se serait reproduite dans quelques cas rares. Mais si ce fait est encore douteux et peut-être dénué de fondement, toujours est-il que des portions, même considérables, la mâchoire inférieure tout entière, et même une partie de la mâchoire supérieure, retranchées se sont formées de nouveau avec facilité lorsque l'animal s'est trouvé placé dans les circonstances convenables.

Parmi les Mollusques qui sont l'objet de notre travail, les uns vivent sur la terre, les autres dans l'eau. Leurs mœurs, leurs habitudes et leurs besoins sont, par conséquent, fort différents. On connaît peu les mœurs de nos Mollusques aquatiques surtout Acéphales. Ils vivent généralement à des profondeurs assez considérables sur des fonds vaseux où ils rampent lentement, comme, par exemple, les *Anodontes* et les *Mulettes;* ; d'autres, comme les *Cyclades*, passent la plus grande partie de leur vie sur les plantes aquatiques ou plutôt entre leurs racines. Nos Gastéropodes d'eau douce se tiennent plus habituellement à la surface des eaux, parce que la plupart doivent y respirer l'air libre.

Les Gastéropodes terrestres vivent, en général, cachés, recherchent l'ombre et la nuit, redoutent, pour la plupart, la grande lumière et la chaleur; quelques-uns cependant se tiennent sur les pelouses sèches ou les friches arides et bien exposées; mais le plus grand nombre se réfugie dans les lieux humides, sous les pierres ou à l'ombre des plantes touffues d'où ils ne sortent guères que la nuit ou le jour, principalement pendant et après les pluies d'orage.

Les coquilles de nos Mollusques sont assez peu variées dans leurs formes et n'ont pas ces couleurs éclatantes dont sont ornées celles des pays chauds. En général, leurs couleurs sont ternes, et si nous en exceptons un très-petit nombre d'espèces, le roux, le gris, le fauve, le blanc sale, le jaunâtre, le verdâtre ou le rougeâtre se fondent en nuances peu prononcées chez la plupart. Mais si elles offrent peu d'intérêt sous ce rapport, il en est un autre d'une nature différente, dont nous allons parler dans la note qui suit.

NOTE

SUR LES

COQUILLES TERRESTRES ET FLUVIATILES FOSSILES

DU DÉPARTEMENT DU GERS.

L'étude des Mollusques terrestres et fluviatiles doit paraître bien futile aux personnes qui ne sont pas habituées à coordonner l'ensemble des diverses productions de la nature, et à unir entre elles, par leurs rapports nécessaires, les branches qui semblent les plus minimes dans les sciences naturelles. Aussi, ne croyons-nous pas inutile de faire comprendre en quelques mots, à nos jeunes lecteurs, le point d'union qui existe entre les animaux dont cet opuscule est l'objet et le reste d'un ensemble d'études naturelles : toujours dans un cercle d'idées religieuses que les faits bien observés font ressortir chaque jour davantage.

L'étude des terrains d'eau douce repose, en très-grande partie, peut-on dire, sur la connaissance exacte au moins des Mollusques terrestres et fluviatiles qui ont habité les eaux ou les bords des eaux par lesquelles ces terrains ont été formés.

En effet, quelques-uns sont considérés comme produits d'anciens lacs qui les ont déposés successivement, et avec eux les dépouilles dures des animaux qui vivaient sur leurs bords ou dans leur sein. Les autres sont regardés comme abandonnés par des courants qui ont laissé les sables, les grés ou les poudingues qui les composent. Dans l'un et l'autre cas, les coquilles que l'on y rencontre sont pour les Géologues, comme les médailles de ces temps anté-historiques. Elles peuvent, d'après un grand nombre de Naturalistes, contribuer à nous révéler l'ancienneté plus ou moins reculée de ces terrains. Aussi, leur étude est-elle aujourd'hui l'objet de longues recherches dans les ouvrages géologiques. Les conséquences que l'on tire de l'existence ou de la non existence à l'état vivant des mêmes espèces dans les pays où l'on retrouve ces débris, rendent indispensables, pour quiconque veut se donner quelque teinture des sciences géologiques, la connaissance assez détaillée au moins des espèces peu nombreuses qui vivent dans la contrée que l'on veut étudier.

Notre département, dont la superficie est en entier composée de terrains super-crétacés, devient intéressant sous le rapport des terrains d'eau douce que j'ai signalés plus haut. Toute la partie du Nord-Est en est entièrement formée, tandis que le Sud-Ouest appartient à la grande formation marine de Dax et de Bordeaux, autant que nous avons pu en juger par les coquilles fossiles que l'on y rencontre (1). Plusieurs points de la formation lacustre et fluviatile ont été déjà examinés avec soin. Les résultats que ces explorations ont fourni à M. Ed. LARTET, à Sansan, font vivement regretter que l'Académie

---

(1) J'y ai retrouvé aussi quelques unes des espèces de la Touraine.

des Sciences n'ait pas continué à encourager les efforts de ce savant observateur, dont les découvertes ne seraient certainement pas encore à leur terme.

Mais les recherches n'ont pas été peut-être assez dirigées, dans les diverses localités, vers les restes des coquilles qui auraient pu fournir des renseignements précieux sur l'âge de ces dépôts et les conditions d'existence de ce grand nombre de vertébrés de toutes classes et de toute taille que l'on rencontre en si grande abondance dans ces anciennes voieries naturelles.

Le peu d'observations que j'ai pu faire jusqu'ici sur les coquilles terrestres et fluviatiles de nos dépôts, m'ont conduit aux conclusions suivantes :

1° La plupart des espèces que l'on rencontre dans nos calcaires, dans nos sables ou nos grès, vivent encore dans les lieux mêmes de ces dépôts ou dans des contrées voisines. Ce fait est vrai, soit pour les espèces terrestres, soit pour les espèces aquatiques (fluviatiles ou lacustres).

2° Les espèces, en petit nombre, qui ne vivent plus dans nos contrées ou dans les contrées peu éloignées, paraissent se rapprocher des formes adoptées par la nature dans les climats analogues aux nôtres (1).

L'énumération des espèces fossiles placées à la fin du volume, prouvera l'exactitude de ces conclusions.

---

(1) Sauf une exception peut-être pour une grande espèce de Clausilie, dont M. Deshayes a dit à M Lartet que l'analogue vivant se trouvait dans l'Amérique méridionale.

MANIÈRE

DE SE SERVIR DES TABLEAUX ANALYTIQUES

EMPLOYÉS DANS CET OUVRAGE.

Dans un de ces tableaux , on choisit toujours deux caractères opposés qui s'excluent mutuellement, de telle sorte que le chiffre de renvoi qui se trouve à la suite , ne permet de chercher que les objets auxquels s'applique le caractère que l'on a choisi.

Ainsi je suppose que l'élève désire savoir à quel genre appartient le limaçon que l'on mange communément dans nos contrées, il examine le n°. 1 du 1er tableau, ainsi conçu :

1 { Mollusques nus.................................... 2.
{ Mollusques à coquille extérieure..................... 3.

Il s'aperçoit d'abord que ce limaçon a une coquille extérieure , il lui sera donc utile de le chercher parmi les mollusques nus et le tableau le renvoie pour les mollusques à coquille extérieure, au n°. 3.

3 { Coq. univalve..................................... 4.
{ Coq. bivalve................................... 20.

La coquille de ce limaçon étant univalve, le n°. de renvoi appelle son attention au n°. 4.

4 { Vivant sur la terre.............................. 5
{ Vivant dans l'eau............................... 13.
{ Vivant d'ordinaire sur les herbes dont le pied
{ est baigné par l'eau..................... Ambrette.

Le limaçon dont il s'agit étant une espèce terrestre , il examine le n°. 5.

$5\begin{cases}\text{Coq. trop petite pour contenir l'animal}\dots\dots\dots\dots\dots\ 6.\\ \text{Coq. assez grande pour contenir l'animal}\dots\dots\dots\dots\ 7.\end{cases}$

L'Animal tout entier peut être contenu dans la coquille, par conséquent l'élève examinera le n°. 7.

$7\begin{cases}\text{Coq. operculée}\dots\dots\dots\dots\dots\dots\dots\dots\dots\dots,\ \textsc{Cyclostome}.\\ \text{Coq. inoperculée}\dots\dots\dots\dots\dots\dots\dots\dots\dots\dots\ 8.\end{cases}$

La coquille est sans opercule, il est donc renvoyé au n°. 8.

$8\begin{cases}\text{Coq. plus haute que large}\dots\dots\dots\dots\dots\dots\dots\ 9.\\ \text{Coq. moins haute que large}\dots\dots\dots\dots\ \textsc{Hélice}.\end{cases}$

La coquille est moins haute que large, ce limaçon appartiendra donc au genre Hélice.

Quoique j'aie employé la méthode dichotomique dans mes tableaux, je n'ignore pas qu'elle est loin d'être suffisante dans bien des cas; aussi ne doit-on pas se contenter pour la détermination d'une espèce, de faire usage des tableaux; il faut, en outre, avoir recours à la description. Par ce moyen, on s'assurera de la présence non seulement d'un des caractères qui lui conviennent, mais de tous ceux qui constituent l'espèce. En outre, je n'ai pas été toujours assez heureux pour rencontrer deux caractères absolument exclusifs l'un de l'autre, et dans ce cas, j'ai tâché de mener à la connaissance du même mollusque par les deux caractères qui peuvent absolument être trouvés dans la même espèce. Ainsi, par exemple, dans le genre Hélix, la même espèce pouvant être globuleuse ou subdéprimée, je la place dans le tableau sous l'accolade des globuleuses et sous celle des subdéprimées. Par ce moyen, quelle que soit la forme à laquelle on s'arrête, on sera conduit à trouver le nom de l'espèce que l'on cherche.

ABRÉVIATIONS.

C . . . . Commun.
C. C. . . . . Fort-commun.
C. C. C. . . . . Très-commun.
R. . . . . Rare.
R. R. . . . . Fort-rare.
R. R. R. . . . . Très-rare.
Anim. . . . . Animal.
Coq . . . . Coquille.
Env . . . . Environs.
Ex. . . . . Exemple.
F. ou Fig . . . . Figure.
Hab . . . . Habite.
Operc. . . . . Opercule.
P . . . . Page.
Pl. . . . . Planche.
Var. . . . . Variété.
15^m . . . . 15 millimètres.

★ ★ ★

Principaux Auteurs cités.

Adans	Adanson.	Menke.	
Auct. vet. .	Auctores veteres.	Mich	Michaud.
Blainv	De Blainville.	Mont. . . .	Monti.
Brard.		Montag. .	Montagu.
Brug	Bruguières.	Montf . . .	Monfort.
Charp	Charpentier.	Mull	Muller.
Crist	Cristophoris.	Nils	Nilson.
Cuv	Cuvier.	Noul	Noulet.
Dacost	Dacosta.	Ock	Ocken.
Desh	Deshayes.	Olivi.	
Dillw	Dillwyn.	Payr	Payreaudeau.
Donov	Donovan.	Penn	Pennant.
Drap	Draparnaud.	Pfeif . . .	Pfeiffer.
Far	Farines.	Phil	Philippi.
Faur-Big . .	Faure-Biguet.	Poir	Poiret.
Fer	Ferussac.	Poli.	
Flemm	Flemming.	Porro.	
Fitz	Fitzenger.	Pult	Pulteney.
Géoff	Geoffroy.	Raf	Raffinesque.
Gmel	Gmelin.	Risso.	
Goup	Goupil.	Rond	Rondelet.
Gray.		Rossm . . .	Rossmassler.
Hartm	Hartman.	Schröt . . .	Schröter.
Jan.		Stud	Studer.
Lam	Lamark.	Sturm.	
Leach.		Turt	Turton.
Lin	Linné.	Ziegl . . .	Ziegler.
Méger . . .	Mégerle.		

ERRATA MAJORA.

Page xxvii, ligne 12, *au lieu de :* que la nuit ou le jour, principalement, etc., *lisez :* que la nuit, ou le jour principalement, etc.

Page 4, lig. 15, *au lieu de : Coq.* — Nulle intérieure, etc., *lisez : Coq.* — Nulle, intérieure.

P. 10, lig. 21, *au lieu de :* Helicomax, *lisez :* Helicolimax.

P. 42, lig. 14. *au lieu de :* Pupa Goodail, *lisez :* Pupa Goodalii.

P. 45, lig. 21 et 22. *au lieu de :* cavité pulmonaire sur le collier, *lisez :* cavité pulmonaire s'ouvrant sur le collier.

P. 46, lig. 25, *au lieu de :* Pl. Cristatus, *lisez :* Pl. Nautileus.

P. 60, lig. 3. *au lieu de :* au-dessus du niveau, *lisez :* au-dessous du niveau.

P. 80, lig. 15, *avant* 2. Mulette de Moquin, *placez* · **B. DENT CARDINALE CONIQUE ET ÉPAISSE.**

P. 100, lig. 5, *au lieu de :* 4. Planorbe, *lisez :* 4. Planorbe contourné.

ESSAI

SUR

L'HISTOIRE NATURELLE

DES

MOLLUSQUES

TERRESTRES ET FLUVIATILES

DU

DÉPARTEMENT DU GERS.

DEUXIÈME GRANDE DIVISION

DU

RÈGNE ANIMAL.

Les MOLLUSQUES sont des animaux mollasses, invertébrés, inarticulés, contractiles, munis d'une cuirasse ou d'un manteau; ovipares ou ovovivipares; système nerveux ganglionaire, circulation double, un cœur plus ou moins musculaire, sang blanchâtre ou bleuâtre, respiration branchiale ou pulmonaire.

Souvent une coquille intérieure ou extérieure tantôt formée d'une seule pièce, tantôt de deux ou d'un plus grand nombre.

N. B. Tous les mollusques dont nous avons à nous occuper dans ce travail appartiennent, ou bien à l'ordre des *GASTÉROPODES*, ou bien à celui des *ACÉPHALES*.

TABLEAU ANALYTIQUE

DES GENRES.

1er ORDRE.

GASTÉROPODES. Cuv.

Animal. — A tête bien distincte, pied discoïde, musculeux, placé sous le ventre.

Coquille. — Nulle ou univalve, intérieure ou extérieure.

PREMIER SOUS-ORDRE.

Pulmonés. Cuv.

Respirant l'air par des poumons.

§ 1er.

Pulmonés inoperculés. Féruss.

Anim. — Rampant sur son pied, organe pulmonaire recevant l'air en nature par une ouverture pratiquée au bord droit de la cuirasse ou du manteau.

Coq. — Nulle ou univalve, intérieure ou extérieure, rudimentaire ou complète, non spirale ou spirale, sans opercule.

† Pulmonés inoperculés terrestres.

Vivant toujours sur la terre et jamais dans l'eau.

PREMIÈRE FAMILLE.

Limaciens. LAM.
Limacinés. BLAINV.
Limaces. FÉRUSS.

Anim. — Allongé, rampant sur un plan locomoteur presque aussi long que son corps; une cuirasse à la partie supérieure, quatre tentacules dont les deux supérieurs oculés? très-longs.

Coq. — Nulle intérieure ou extérieure rudimentaire.

A. Corps nu sans coquille extérieure.

PREMIER GENRE.

Arion.
Arion. FÉR.
Limacis species. DRAP.

Corps comme dans la caractéristique de la famille, ouverture pulmonaire située à la partie antérieure de la cuirasse.

Coq. Nulle, ni intérieure ni extérieure, seulement dans l'épaisseur de la cuirasse quelques granulations calcaires de grosseur différente.

1. Arion des charlatans.
Arion empiricorum. FÉR., *Hist. des Moll.*, p. 60.
Limax rufus. DRAP., p. 123, pl. 9, f. 6.
Limax ater. DRAP. p., 122, pl. 9, f. 3. 4. 5.

Corps grossement rugueux, obtus antérieurement et postérieurement, cuirasse grenue ; ouverture pulmonaire très-grande et située à la partie antérieure de la cuirasse. — Couleur passant selon les individus que l'on observe, du jaune rougeâtre au fauve noirâtre et même au noir pur. La marge du pied ordinairement rougeâtre orangé.

80 à 150ᵐ· de long.

Habite. — Dans tout le département, les jardins, les haies, les bois, le long des ruisseaux. Je n'ai jamais rencontré la variété noire que dans les bois ou les landes. C. C. C.

J'ai cru devoir réunir les limax Ater et Rufus de Drap., parce que d'après la comparaison que j'ai faite, soit des figures, soit des échantillons que j'ai eus en grand nombre à ma disposition, les indications tirées, soit de la grandeur, soit de la couleur, m'ont paru trop variables pour pouvoir établir là-dessus de bons caractères. Je n'ai fait en ceci que suivre l'exemple de M. de Férussac. Cet Arion est connu dans nos pays sous le nom gascon de *Limac rougé* (limaçon rouge), les autres Arions ou Limaçes sont désignés sous la dénomination de *Laoüchos.*

2. Arion des jardins.

Arion hortensis. Féruss., *Hist. des Moll.*, p.65, pl. 2, fig. 4 à 6.

Corps arrondi sans carène, noir en dessus, fascié longitudinalement de gris ardoisé sur les deux côtés, ou bien presque entièrement gris, bord du pied orangé, un pore muqueux séparant le pied de la partie postérieure du corps, qui est un peu bilobée.

30 à 50ᵐ. de long.

Hab. — Les jardins, les bois. C. C. C. aux env. d'Auch.

Notre espèce est bien l'Arion hortensis de Fér.; mais est-elle bien la Limax hortensis de Blainv., de Mich., Noul., etc., ou la limacelle concave Brard? Y-a-t-il eu erreur de la part de cet auteur en attribuant à cette espèce une limacelle intérieure qui n'y existe peut-être pas? Férussac semble le penser dans la note qui suit la description de l'A. hortensis, puisqu'il n'a jamais trouvé, dit-il, aux environs de Paris, que cette espèce qui offrît les caractères extérieurs de la limacelle concave Brard. Cette erreur d'ailleurs est facile, si l'on considère que quelquefois on trouve dans l'épaisseur de la cuirasse une granulation calcaire ovale aplatie et ayant jusqu'à 1 millimètre 1⁄2 dans son plus grand diamètre. Serait-ce là ce que les auteurs précités auraient considéré comme limacelle intérieure?

B. Corps nu, une coquille intérieure.

Deuxième Genre.

Limace.
Limax. Fér.
Limacis spécies. Drap.

Anim. — Comme dans le genre précédent, ouverture pulmonaire à la partie postérieure de la cuirasse.

Coq. — Intérieure, ovalaire dans l'épaisseur de la cuirasse.

1. Limace des Anciens.
Limax antiquorum. Fér.
Limax cinereus. Drap., p. 124, pl. 9, f. 10., (11 par erreur).

Corps allongé, strié ou rugueux, aigu à son extrémité postérieure. Dos caréné, carène aiguë, longue et blanchâtre. Cuirasse lisse ou très-finement grenue, acuminée postérieurement. Tentacules gris ou vineux. — La couleur générale du dessus du corps est d'un gris cendré orné de belles taches noires ou noirâtres diversement disposées selon les individus, formant souvent des lignes longitudinales. Le dessous est uniformément cendré roussâtre.

Coq. — Assez épaisse ovalaire.

T. De l'anim. — 100 à 150ᵐ. de long.
De la coq. — Long. 10 à 15ᵐ. — Larg. 6 à 8ᵐ.

Hab. — Les lieux frais dans les habitations, les caves.

2. Limace tachetée.
Limax variegatus. DRAP., p. 127.
L.   V.   FÉR., p. 71, pl. 5, f. 1 à 6.

Anim. — Allongé, strié, rugueux, dos caréné, mais seulement à la partie postérieure. Cuirasse élégamment striée de linéoles concentriques. Un tubercule blanc en arrière du tentacule droit supérieur. — La couleur varie du vert clair au brun rougeâtre. Tentacules bleuâtres, de même que la partie supérieure de la tête.

Coq. — Subquadrangulaire, ovalaire, un rudiment de spire à peine sensible à la partie antérieure où elle est plus épaisse qu'en arrière; transparente lorsqu'elle est encore dans la cuirasse de l'animal vivant, mais devenant opaque après la mort.

T. De l'anim. — 100 à 130ᵐ. de long.
De la coq. — Long. 8 à 10ᵐ. — Larg. 5 à 7ᵐ.

Hab. — Les lieux très-frais et humides dans les habitations, les bois frais. A Auch, dans les puits du Séminaire. C.

3. Limace marginée.
Limax marginatus. DRAP., p. 124, pl. 9, f. 7.

Corps allongé, médiocrement ridé, fortement caréné à la partie postérieure, la carène blanchâtre; cuirasse grenue, ovalaire; tentacules assez courts d'un gris cendré. — La couleur générale de l'animal est jaunâtre pointillé ou linéolé de noir en dessus. Ces points ou ces linéoles forment quelquefois des lignes longitudinales.

60 à 80 ᵐ. de long.

Hab. — A Riscle, sous les pierres auprès de l'Église.

4. Limace agreste.
Limax agrestis. Drap., p. 126, pl. 9, f. 9 et 11.

Dans l'indication des figures de Drap., la fig. 11 est donnée par erreur pour le *L. Cinereus.*

Anim. — Strié, dos caréné à la partie postérieure seulement, ouverture pulmonaire à la partie postérieure de la cuirasse qui est un peu grenue et quelquefois gibbeuse postérieurement. — Couleur d'un gris cendré, tantôt uniforme, tantôt tacheté ou plutôt pointillé de noirâtre.

Coq. — Ovalaire, mince et fragile.

T. De l'anim. — 30 à 40ᵐ. de long.
De la coq. — Long., 5 à 7ᵐ. — Larg., 3 à 4ᵐ.

Hab. — Auch, Lectoure, etc. C. C. C. dans les champs, les jardins, où elle dévore les plantes.

Var. B. Sylvaticus.
Limax sylvaticus. Drap., p. 126, pl. 9, f. 11.

La L. des bois, devenant un peu plus grosse que la L. agreste, est d'une couleur violâtre pâle ou lie de vin. On la trouve à Auch, Bivès, Larroumieu. Je crois qu'elle ne doit être considérée que comme var. de la L. agreste, car la forme de l'animal et de la Limacelle sont les mêmes, et les transitions de couleur sont insensibles.

5. Limace jayet.
Limax gagates. Drap., p. 122, pl. 9, f. 11. 2.

Anim. — Strié, rugueux, dos fortement caréné, aigu à son extrémité postérieure ; ouverture pulmonaire située à la partie moyenne un peu postérieurement. — Couleur d'un noir brillant, quelquefois pâle, le dessous du pied d'un gris noirâtre.

Coq. — Épaisse, ovale, un peu rugueuse, sans indication de commencement de spire.

T. De l'anim. — 50 à 60^m. de long.

De la coq. — Long., 4 à 5^m. — Larg., 3 à 4^m.

Hab. — Auch, Lectoure, etc. Dans les jardins. C.C.C.

C. Une coquille extérieure rudimentaire.

Troisième Genre.

Testacellé.

Testacellus. Faure-Biguet.

Testacella. Drap.

Anim. — Limaciforme, la partie postérieure du corps recouverte d'une coquille petite, solide, aplatie, à peine spirale.

Testacelle. Ormier.

Testacellus haliotidœus. Faure-B.

Testacella haliotidœa. Drap., p. 124, pl. 9, f. 12, 13.

Anim. — Gris ou roussâtre, avec ou sans taches d'un gris noirâtre.

Coq. — Solide, très-aplatie, indiquant à peine un commencement de spire, ouverture formant à elle seule la presque totalité de la coquille sur laquelle on voit les stries d'accroissement qui la rendent rugueuse à l'extérieur. — Elle est demi-transparente et d'une couleur blanchâtre ou grisâtre.

T. De l'anim. — 30 à 45^m. de long.

De la coq. — Long. , 5 à 8^m. — Larg. , 4 à 6^m.

Hab. — Les jardins, les bois, sous les pierres et dans la terre, à Auch, Lectoure, Bivès, Duran, Montaut, etc. C.

DEUXIÈME FAMILLE.

Limaçous. Fér.
Limacinés. Blainv.
Colimacés. Lam.

Anim. — Allongé , ayant le corps distinct du pied , et formant un tortillon contourné en spirale , muni d'un collier charnu qui ferme la coquille. Quatre tentacules , les deux supérieurs oculés ; cavité pulmonaire en avant , s'ouvrant dans l'épaisseur du collier ; anus près de l'orifice respiratoire.

Coq. — Spirale, de forme variable renfermant le plus souvent l'animal tout entier.

Quatrième Genre.

Vitrine.
Vitrina. Drap.
Helicomax. Féruss.

Anim. — Limaciforme, contourné en spirale , quatre tentacules , les antérieurs courts , les postérieurs oculés , un petit lobe du manteau recouvrant le sommet de la spire.

Coq. — Petite , translucide ou transparente , très-fragile , le dernier tour très-grand, ouverture arrondie ou ovalaire , bords tranchants , le gauche fléchi en dedans.

1. Vitrine transparente.
Vitrina pellucida. Drap. , p. 119 , pl. 8 . f. 34 à 37.

Anim. — Demi-transparent, grisâtre en dessus, plus pâle en dessous ; le lobe du manteau n'arrivant pas d'ordinaire jusqu'au sommet de la spire.

Coq. — Ovale arrondie de même que l'ouverture, assez globuleuse, spire de 2 1/2 à 3 tours, le dernier extrêmement grand comparativement aux autres. — Transparente, très-mince et très-fragile d'un vert clair.

Hauteur, 3 à 5ᵐ. — Diamètre, 5 à 8ᵐ. (1)

Hab. — Aux environs de Lectoure sur la pelouse de Groussan, sous la mousse couverte par les génevriers. R. R. R.

2. Vitrine allongée.
Vitrina elongata. Drap., p. 120, pl. 8, f. 40 à 42.

Anim. — Demi-transparent, grisâtre ou gris fauve, quelquefois avec des linéoles transverses en-dessus, le lobe du manteau couvrant entièrement le sommet de la spire.

Coq. — Lisse, transversalement allongée, aplatie. Spire d'un tour 1/2, le dernier formant la presque totalité de la coquille. — Transparente, très-fragile et fort mince, souvent légèrement teinte de fauve.

T. De l'anim. — 8 à 12ᵐ de long.
De la coq. — Hauteur, 1 à 2ᵐ. au plus. — Diamètre, 3 à 5ᵐ.

Hab. — Dans les bois sous la mousse ; au Mourroussin, au bois de la Baronne, au bois d'Auch, et au Petit, près de Lectoure. R. R.

____

(1) Je prends toujours le plus grand diamètre de la coquille.

Cinquième Genre.

Hélice.
Helix. Drap.
Helix et carocolla. Lam.
Helicis pars. Lin.

Anim. — Muni d'un manteau charnu en forme de collier entourant le cou et se continuant en une tunique membraneuse qui revêt le corps. Quatre tentacules, les deux postérieurs beaucoup plus longs que les antérieurs, oculés au sommet.

Coq. — Variable, ordinairement plus basse, jamais beaucoup plus haute que large (1), ouverture semi-lunaire, arrondie ou comprimée, toujours modifiée par le dernier tour de spire.

On donne dans les Hélices le nom d'épiphragme à une espèce d'opercule momentané dont ces mollusques ferment, durant leur hybernage, l'entrée de leur coquille. Il est mince, peu consistant et blanc ou blanchâtre.

Tableau analytique des espèces du Genre Hélix.

1	Coq. conique	2
	Coq. globuleuse	3
	Coq. subdéprimée	9
	Coq. aplatie	15
2	Coq. ombiliquée .... H. Élégans.	
	Coq. sans ombilic .... H. Fulva.	
3	Coq. ombiliquée	4
	Coq. sans ombilic	5

---

(1) Sauf les cas de monstruosité.

4 { Coq. très-petite, chaque tour garni sur son milieu d'une rangée d'aiguillons crochus très-apparents à la loupe.............. H. ACULEATA.
Coq. assez grande non garnie, etc .... H. VARIABILIS.

5 { Coq. perforée 6
Coq. imperforée 7

6 { Péristôme réfléchi. .... H. LIMBATA.
Péristôme non réfléchi................. H. PISANA.

7 { Animal noirâtre vu dans la coquille....... H. VERMICULATA.
Animal jaunâtre ou verdâtre 8

8 { Animal verdâtre ou vert-jaunâtre........ H. ASPERSA.
Animal jaunâtre ou jaune-blanchâtre .... H. NEMORALIS.

9 { Coq. non ombiliquée 10
Coq. ombiliquée 12

10 { Coq. presque globuleuse, une bande blanche très-prononcée sur le milieu du dernier tour........................ H. LIMBATA.
Coq. plutôt déprimée que globuleuse sans bande, etc..... 11

11 { Péristôme blanc...................... H. CANTIANA.
Péristôme roux-fauve .... H. CARTHUSIANA.

12 { Coq. hérissée de poils .... H. HISPIDA.
Coq. sans poils........................ 13

13 { Péristôme à bourrelets intérieurs.................... 14
Péristôme sans bourrelets intérieurs...... H. OLIVETORUM.

14 { Stries fortes et rapprochées .... H. STRIATA.
Stries faibles et éloignées .... H ERICETORUM.

15 { Péristôme réfléchi 16
Péristôme non réfléchi.................. 19

16 { Coq. carénée................... H. LAPICIDA.
Coq. non carénée 17

17 { Coq. entièrement plate en dessus, ouverture trigône .... H. OBVOLUTA.
Coq. convexe en dessus, ouverture arrondie............ 18

18 { Coq. très-petite, ouverture presque ronde. H. PULCHELLA.
Coq. moyenne, ouverture ovalaire........ H. CORNEA.

I.

COQ. CONIQUE.

1. **Hélice élégante.**
Hélix élegans. Gmel.
Id.   Id.   Drap., p. 79, pl. 5, f. 1. 2.

La coquille figurée par Drap. est beaucoup plus élevée que tous les échantillons que nous avons trouvés dans le département.

Carocolla élégans. Lam.

Anim. — Blanchâtre, demi-transparent.

Coq. — Déprimée en dessous, finement striée, ombiliquée, ombilic peu ouvert, spire de 6 à 7 tours, enroulés de manière à ce que la suture présente une sorte de carène de plus en plus saillante jusqu'au dernier qui est fortement caréné; ouverture à angle très-aigu, péristôme simple. — Sommet de la spire de couleur cornée ou noirâtre; teinte générale blanchâtre, souvent élégamment maculée de roux; une variété présente une bande fauve continue depuis le dernier tour jusqu'au sommet de la spire.

Hauteur, 4 à 8^m. — Diamètre, 7 à 11^m.

Hab. — Les champs, les tertres, C. à Auch, Lectoure, Gimont, Bivés, etc.

2. Hélice fauve.
Helix fulva. MULL.
    Id.   Id.   DRAP., p. 81, pl. 7, f. 12. 13.

Anim. — D'un gris noirâtre en dessus, blanchâtre en dessous, tentacules supérieurs très-longs, les inférieurs très-courts.

Coq. — Conique globuleuse, subimperforée, ouverture déprimée, péristôme simple. — Lisse, luisante, demi-transparente, d'un fauve clair ou foncé.

Hauteur, 2 à 3^m. — Diamètre, 2 à 4^m.

Hab. — Sous les pierres, les feuilles mortes dans les bois des coteaux. R. A Auch, (bois d'Auch et du Toujey), etc., à Lectoure, à Bivés, Montauf.

Je dois la première découverte de ce mollusque à M l'Abbé Rous, dont le zèle et les patientes recherches m'ont procuré plusieurs autres espèces fort rares dans nos contrées.

II.

COQ. GLOBULEUSE.

A. OMBILIQUÉE.

3. Hélice à aiguillons.
Helix aculeata. MULL.
    Id.   Id.   DRAP., p. 82, pl. 7, f. 10, 11.

Anim. — Blanchâtre, tête et tentacules noirs.
Coq. — Globuleuse-conique, spire de 4 à 5 tours convexes, hérissés de lames cartilagineuses terminées dans leur milieu par une pointe recourbée en arrière, dont l'ensemble forme une rangée d'aiguillons transparents

sur le milieu de chaque tour. Ouverture arrondie, ombilic assez ouvert. — Couleur cornée.

Hauteur, 2 à 2 1[2^m. — Diamètre, 2 à 3^m.

Hab. — Dans les bois montueux sous les pierres, les troncs d'arbres. R. R. R. à Beaulieu près d'Auch et au bois d'Auch. — Je dois encore cette espèce aux recherches de M. Rous.

4. Hélice variable.

Helix variabilis. DRAP., p. 84, pl. 5, f. 11, 12.

Helix neglecta? DRAP., p. 108, pl. 6, f. 13.

Anim. — Gris blanchâtre plus pâle en-dessous, manteau d'un gris plus ou moins violâtre.

Coq. — Globuleuse ou un peu subdéprimée, assez légèrement striée, spire de 5 à 6 tours convexes, le dernier fort grand comparativement aux autres. Un bourrelet intérieur près de l'ouverture qui est arrondie. Ombilic plus ou moins ouvert. — Couleur tantôt blanchâtre uniformément, tantôt fasciée d'une ou plusieurs bandes brunes continues ou interrompues ; sommet d'un brun clair ou foncé.

Hauteur, 10 à 15^m. — Diamètre, 12 à 18^m.

Hab. — Les coteaux bien exposés. C. C. C. à Auch, Lectoure, Bivés, Condom, Gimont, Cologne, etc.

Un de nos élèves, M. Figadère, a trouvé à Cologne un individu scalaroïde de cette espèce. Il a 11^m de hauteur et 7^m de diamètre. Les tours de spire sont subcarénés. Il ressemble beaucoup, par sa forme, à l'H. Rhodostoma, représenté par M. Payraudeau dans son catalogue des mollusques de Corse.

B. PERFORÉE.

5. Hélice marginée.

Helix limbata. DRAP., p. 100, pl. 6, f. 29.

Anim. — Blanchâtre ou fauve selon la variété; un peu subdiaphane.

Coq. — Globuleuse, déprimée, spire composée de 6 à 7 tours arrondis, finement striés, le dernier légèrement subcaréné : péristôme un peu réfléchi. — Couleur demi-transparente variant du blanc au corné-fauve. Une ligne blanche sur le milieu du dernier tour, quelle que soit la couleur de la coquille.

Hauteur, 8 à 12^m. — Diamètre, 12 à 16^m.

Hab. — Dans les bois, les haies. à Auch, Gimont, Lectoure, Eauze, Bivés. C. C.

6. Hélice rhodostome.
Helix pisana. MULL.
Helix rhodostoma. DRAP., p. 86, pl. 5, f. 13 à 15.

Anim. — Blanchâtre demi-translucide, tentacules supérieurs très-effilés.

Coq. — Striée, globuleuse, un peu déprimée, quelquefois même, quoique très-rarement, entièrement aplatie en-dessus ; un bourrelet intérieur près de l'ouverture ; spire de 5 tours arrondis, péristôme simple. — Couleur blanche, avec ou sans fascies brunes-fauves ou jaunâtres, le plus souvent interrompues ; la columelle et le péristôme teints d'un rose plus ou moins foncé.

Hauteur, 12 à 15^m. — Diamètre, 15 à 25^m.

Les fascies s'effacent souvent par l'âge, et les coquilles qui en demeurent ornées ont d'ordinaire la couleur rose de l'ouverture bien moins vive que les individus blancs ; en outre, cette couleur est bien plus claire dans les échantillons de nos contrées que dans ceux que j'ai recueillis dans le Bas-Languedoc et la Provence.

2

Hab. — Dans les jardins, aux bords des champs à Auch, Lectoure, Condom, etc. C. C.

C. IMPERFORÉE.

7. Hélice chagrinée.

Helix aspersa. M.ULL.

Id.　　Id.　　Drap., p. 89, pl. 5, f. 23.

Anim. — Jaune verdâtre très peu foncé en dessus, plus clair en dessous.

Coq. — Globuleuse-conique, striée, stries éloignées, chagrinée, spire de 4 tours arrondis, le dernier formant à lui seul la plus grande partie de la coquille ; ouverture arrondie, subovale ; péristôme très-évasé. — Couleur passant du gris au fauve et même au noirâtre, comme du jaunâtre au verdâtre : ordinairement fasciée de taches larges, ondulées et irrégulières d'une couleur plus foncée que celle du fond, le plus souvent fauves ou noirâtres. Ces taches forment une ou plusieurs bandes sur le dernier tour. Péristôme très-blanc intérieurement.

Je dois à l'un de nos anciens élèves, M. Ed. Bellegarrigue, un échantillon d'une couleur grise uniforme sans aucune trace de taches. Il le trouva près d'Auch, en 1840.

Hauteur, 30 à 40^m. — Diamètre, 35 à 45^m.

Hab. — Les jardins, les vignes, les haies, les bois, etc., partout dans le département. C. C. C.

Je n'ai jamais rencontré dans le pays la variété sénestre.

C'est la seule espèce que l'on mange communément dans le département, quoique ce ne soit ni la seule édule, ni même la plus délicate. On pourrait manger de préférence l'H. nemoralis, mais comme elle est plus petite et moins abondante, on l'abandonne généralement ; et les gens de la campagne, qui sont presque les seuls à faire usage d'un aliment aussi difficile à digérer, préfèrent l'H. aspersa qui leur fournit une nourriture abondante et facile à trouver.

Cette espèce est connue dans le pays sous le nom gascon de *Limac* ; toutes les autres Hélices sont confondues sous celui de *Limacos*, que l'on étend encore à toutes les espèces à coquille spirale univalve. Aux environs de Marciac, l'H. aspersa porte aussi le nom d'*Escargoill*.

8. Hélice némorale.

Helix nemoralis. Lin.

Id.   Id.   Drap., p. 94, pl. 6, f. 3 à 5.

Helix hortensis. Drap., p. 95, pl. 6, f. 6.

Anim. — Jaunâtre, verdâtre ou blanchâtre ; tentacules grisâtres : de leur base, partent deux lignes de même couleur qui se prolongent parallèlement sur le cou.

Coq. — Finement striée, spire de 5 tours arrondis, le dernier très-grand proportionnellement aux autres. Péristôme réfléchi, ouverture ovale, arrondie, très-échancrée par le dernier tour ; bord columellaire un peu déprimé près de son insertion. — Couleur très-variable, blanchâtre, jaunâtre, brunâtre ou rougeâtre, tantôt uniforme, tantôt ornée d'une ou plusieurs (jusqu'à 5) bandes fauve rougeâtres, ou pourpre noirâtre, plus ou moins foncées, plus ou moins larges, de même largeur ou de largeurs très-différentes, ordinairement continues.

Hauteur, 15 à 25^m. — Diamètre, 18 à 30^m.

Hab. — Les bois, les haies, les vignes, les jardins, C. C. C. La var. à péristôme blanc (H. hortensis. Drap.) à Cologne C. C., à Gimont R.

A Marciac, on lui donne le nom de *Bigarretos*.

La plupart des malacologistes s'accordent aujourd'hui à considérer ces deux espèces comme n'en fesant qu'une seule. Il me suffira de citer l'autorité de MM. Deshayes et Michaud. La taille et la couleur

du péristôme étaient les seuls caractères un peu importants par lesquels on les distinguait. Or, on ne peut point considérer d'abord la
différence de taille comme caractéristique : outre que ce caractère
est aujourd'hui reconnu comme de peu de valeur, j'ai vu dans les
collections de MM. Michaud et Bouillet, comme aussi dans celles du
Muséum à Paris, des H. nemoralis aussi petites que les plus petites
H. hortensis. J'ai moi-même recueilli dans les Hautes-Pyrénées des
individus à péristôme blanc aussi grands que les plus grosses H.
nemoralis : elles me paraissent devoir être appelées H. hortensis auct.,
quoique l'on dise des H. nemoralis à péristôme blanc et des H. hortensis à péristôme coloré.

La couleur du péristôme peut-elle fournir un meilleur caractère ?

La riche collection de M. Michaud, que j'ai pu examiner grâce à
la complaisance de cet excellent officier, m'a montré une série de
décroissance dans la couleur depuis le pourpre noir jusqu'au blanc
de lait en passant successivement par toutes les nuances du pourpre
clair, pourpre rosé, rose pâle, blanc rosé jusqu'au blanc pur.

Un de nos élèves, M. Figadère, m'a porté de Cologne, une quantité considérable de cette espèce, et j'ai retrouvé sur le nombre la
même série dans la couleur du péristôme des individus qui habitent
notre pays.

9. Hélice vermiculée.

Helix vermiculata. MULL.

Id.   Id.   DRAP., p., 96, pl. 6, f. 7 et 8.

Anim. — Pâle ou jaunâtre, noirâtre en dessus. Il
paraît noir lorsqu'il est retiré dans sa coquille. Il s'y
enfonce très-profondément.

Coq. — Globuleuse, déprimée, finement striée, parse-
mée de petits points ou de linéoles courtes, enfoncées, blanchâtres, qui font paraître la coquille comme légèrement
chagrinée. Spire de 5 à 6 tours convexes, le dernier
beaucoup plus grand que les autres. Ouverture arrondie
un peu ovalaire, fortement échancrée par le dernier tour.
Bord columellaire déprimé, indiquant presque un commencement de dent obtuse ; péristôme blanc, évasé.

— Couleur grisâtre ou un peu fauve, avec ou sans bandes d'un roux fauve foncé continues ou interrompues.

Hauteur, 15 à 25^m. — Diamètre, 25 à 35^m.

Hab. — Les vignes à Monferran où elle a été trouvée par M. Lacaze, d'après M. Noulet.

III.

COQ. SUBDÉPRIMÉE

A. PERFORÉE.

10. Hélice bimarginée.
Helix carthusiana. Mull.
Helix carthusianella. Drap., p. 101, pl. 6, f. 31 et 32.

Anim. — Blanchâtre ou grisâtre, souvent avec des taches plus foncées, noirâtres ou roussâtres qui paraissent à travers la coquille, surtout lorsqu'il est jeune.

Coq. — Très-finement striée, très-légèrement chagrinée (vue à la loupe). Spire de 6 tours légèrement convexes, s'accroissant progressivement. Ouverture arrondie, les deux bords sensiblement inclinés l'un vers l'autre. — Couleur blanchâtre ou légèrement cornée, un peu transparente, péristôme roussâtre avec un bourrelet intérieur blanc qui paraît à l'extérieur.

Var. B. Helix olivieri. Mich., compl. de Drap., p. 25.

Plus petite que le type, plus épaisse et plus foncée dans sa couleur, avec une bande blanchâtre sur le milieu du dernier tour.

Hauteur, 8 à 12^m. — Diamètre, 12 à 20^m.

Hab.—Les champs, les bois, les haies, les jardins, à Auch, Lectoure, Gimont, Rivés, etc. C. C.

Dans cette espèce, plus les échantillons sont gros, plus la coquille est mince et d'un blanc transparent. Plus ils sont petits, au contraire, (parvenus à l'état adulte), et plus elle est cornée et épaisse J'ai reçu des échantillons de Rome qui sont beaucoup plus gros que les nôtres et en même temps très-minces et fragiles ; et j'ai eu lieu d'observer dans les diverses localités du département, la succession d'épaisseur et de coloration que je mentionne ici. C'est aux individus qui terminent cette série que MM. de Férussac et Michaud avaient donné le nom d'H. Olivieri. L'auteur du complément de Drap., a lui-même rectifié cette erreur dans une lettre qu'il m'a écrite.

11. Hélice chartreuse.

Helix cantiana. MONT.

Helix carthusiana. DRAP., p. 102, pl. 6, f. 33.

Anim. — Semblable à celui de l'espèce précédente.

Coq. — A peu près semblable à celle de l'H. carthusiana, seulement un peu moins déprimée, plus globuleuse, plus transparente et le péristôme blanc au lieu d'être roussâtre en dedans.

Hauteur, 8 à 12^m. — Diamètre, 10 à 16^m.

Hab. — Probablement la partie orientale du département, quoique nous ne l'ayons jamais rencontrée ; M. Noulet l'a trouvée à Toulouse dans les jardins.

B. COQ. OMBILIQUÉE.

12. Hélice hispide.

Hélix hispida. DRAP., p. 103, pl. 7, f. 20 à 22.

Anim. — Gris noirâtre en dessus, chagriné, gris blanchâtre en dessous, tentacules supérieurs assez courts, gros.

Coq. — Finement striée, toute hérissée de poils courts assez serrés, ordinairement recourbés. ouverture semi-lunaire plus large que haute. Spire de 6 à 7 tours un peu convexes. — Couleur cornée, demi-transparente.

Hauteur, 5 à 6ᵐ. — Diamètre, 8 à 10ᵐ.

Hab. — Dans les lieux humides, les bois frais, le long des eaux. C. C.

13. Hélice striée.

Helix striata. Drap. , p. 106, pl. 6, f. 18 à 20.

Anim. — Grisâtre ou gris noirâtre en dessus , plus pâle en dessous.

Coq. — Très-fortement striée, assez largement ombiliquée, ouverture assez exactement arrondie, péristôme non réfléchi, mais muni intérieurement d'un fort bourrelet. Spire de 5 à 6 tours un peu convexes. — Couleur blanche ou blanchâtre, tantôt uniforme, tantôt fasciée de lignes brunes ou roussâtres continues ou interrompues ; dans ce dernier cas, c'est je crois *l'Helix intersecta.* Poir.

Hauteur, 4 à 6ᵐ. — Diamètre, 6 à 10ᵐ.

Hab. — Les lieux secs , les tertres bien exposés, à Auch , à Lectoure , Tournecoupe , Gimont , Condom , etc. C. C.

14. Hélice des bruyères.

Helix ericetorum. Mull.
    Id.   Id.   Drap., p. 107, pl. 6, f. 12.
Helix cespitum. Drap., p. 109, pl. 6, f. 14, 15, 16,
    17.
Helix neglecta ? Drap., pl. 6, f. 13.

Anim. — Grisâtre en dessus , blanchâtre en dessous.

Coq. — Plus ou moins déprimée, souvent presque discoïde, légèrement striée. ombilic très-ouvert, spire de 6 à 7 tours convexes, ouverture arrondie, un bourrelet intérieur beaucoup moins fort proportionnellement que dans l'espèce précédente, variant du blanc au fauve. —Toute la coquille est blanchâtre, tantôt uniformément. tantôt fasciée de bandes brunes, continues ou interrompues, souvent une légère teinte fauve en dessous vers l'ouverture.

Hauteur, 10 à 15^m. — Diamètre, 15 à 25^m.

Hab. — Les tertres bien exposés, les friches arides, le long des chemins, etc. Auch. Lectoure, Condom, Mirande, Gimont, etc. C. C. C.

La var. à péristôme brun ou fauve et plus globuleuse, est plus rare que la var. aplatie presque discoïde et à péristôme blanc.

Dans bien des cas il est fort difficile d'établir la limite entre cette espèce et l'Helix variabilis.

15. Hélice des oliviers.

Helix olivetorum. Gmel.

Helix incerta. Drap., p. 109., pl. suppl., f. 8 et 9.

Anim. — Gris ardoisé bleuâtre et chagriné en dessus, plus pâle en dessous.

Coq. — Finement et assez irrégulièrement striée, spire de 5 à 7 tours convexes, ouverture arrondie, péristôme simple, très-mince, sans bourrelet intérieur, ombilic médiocrement ouvert. — Couleur uniformément cornée fauve en dessus, cornée blanchâtre en dessous.

Hauteur, 10 à 15^m. — Diamètre, 18 à 25^m.

Hab.—Les bois, les rochers frais et ombragés, les haies touffues à Auch, Marciac, Lectoure, Gimont, S^t.-Clar, Tournecoupe, etc. C. C.

J'ai trouvé à Duran, près d'Auch, un individu dont la coq. était d'un jaune de citron semblable à celle de l'Hélice citrina Lam., vitrina citrina. Quoy. et Gaim.

IV.

COQ. APLATIE.

A. PÉRISTOME RÉFLÉCHI.

16. Hélice cornée.
Helix cornea. DRAP., p. 110, pl. 8, f. 1 à 3.

Anim. — Brun noirâtre en dessus, plus pâle en dessous.
Coq. — Très-finement striée, quelquefois lisse, ouverture ovale, plus large que haute. ombilic assez ouvert ; mais en partie recouvert par la saillie du bord gauche ; les deux bords très-rapprochés et quasi-continus ; spire de 5 tours un peu convexes. — Couleur cornée, obscurément fasciée de fauve sur le dernier tour.

Hauteur, 6 à 8^m. — Diamètre, 12 à 15^m.

Hab. — Les rochers frais et humides, à Bivés, à Tournecoupe (M. ROUS.) à Lectoure, au grand rocher de Brescon où je l'ai trouvée, à Castelnau-Barbarens. (M. Noulet.) R. R. R.

17. Hélice planorbe.
Helix obvoluta. MULL.
Id.   Id.   DRAP., p. 112, pl. 7. f. 27 à 29.

Anim. — Demi-translucide, noirâtre chagriné en dessus. une petite arête entre deux goutières sur la ligne médiaune de la tête au manteau ; dessous du corps gris noirâtre et plus exactement (vu à la loupe), gris marqué de lignes courtes noires.

Coq. — Entièrement plate en dessus, convexe en dessous, finement striée. ouverture trigone, ombilic assez ouvert, spire de 6 à 7 tours ; toute la coq. est hérissée de poils assez longs qui tombent après la mort de l'animal.

—Couleur fauve, rougeâtre, péristôme rose foncé, mais cette couleur se fanne et disparaît petit à petit après la mort de l'animal.

Hauteur, 5 à 6^m. — Diamètre, 10 à 13^m.

Hab. — Les lieux très-frais et humides, dans les bois des coteaux à l'exposition du nord ou de l'ouest, à Bivés, à Montaut, (M. Rous.), env. d'Auch, au bois de Toujey, à Duran. R.

18. Hélice mignonne.
Helix pulchella. Drap., p. 112, pl. 7, f. 30 à 34.
Var. A. lœvis. — H. pulchella. Mull.
Var. B. costata. — H. costata. Mull.

Anim. — Transparent, blanchâtre ou jaunâtre, tentacules très-courts.

Coq. — Presque discoïde, ombilic largement ouvert, spire de quatre tours un peu convexes, ouverture ronde, très-peu échancrée par l'avant-dernier tour ; c'est à peu près l'ouverture d'un cyclostôme. — Couleur blanche ou brunâtre, péristôme toujours d'un blanc pur. Dans la var. A. les stries sont tellement fines qu'elles sont à peine sensibles à la loupe ; dans la var. B., au contraire, elles sont tellement fortes qu'elles ressemblent à des côtes. Je n'ai point remarqué de transition entre ces deux variétés.

Hauteur, 1^m. — Diamètre, 2 à 3^m.

Hab. — Sous les pierres, les troncs d'arbres, dans les bois, les prairies, le long des habitations rurales. C.C. A Auch, Lectoure, Mirande, Condom, etc.

19. Hélice lampe.

Helix lapicida. LIN.

Id.   Id.   DRAP., p. 111, pl. 7, f. 35 à 37.

Anim. — Noirâtre, chagriné en dessus.

Coq. — Médiocrement ombiliquée, aussi convexe en dessus qu'en dessous, finement striée, à la loupe elle paraît élégamment chagrinée ; spire de 5 à 6 tours aplatis, le dernier fortement caréné, ouverture ovalaire, anguleuse à la carène, péristôme continu blanchâtre. — Couleur fauve plus ou moins prononcée, ornée de flammules plus foncées.

Hauteur, 6 à 8^m. — Diamètre, 15 à 20^m.

Hab. — Les rochers frais et humides dans les bois des coteaux particulièrement ; à Auch, à Lectoure, Gimont, Tournecoupe, Bivés, etc. C. C. C.

B. PÉRISTOME SIMPLE.

20. Hélice pygmée.

Helix Pygmœa. DRAP., p. 114, pl. 8, f. 8 à 10.

Coq. — Finement striée (vue à la loupe), ombiliquée ; spire de 4 tours assez convexes. Ouverture arrondie, fortement échancrée par l'avant-dernier tour. — Couleur fauve roussâtre.

Hauteur, 1^m au plus. — Diamètre, 1^m 1⎸2 au plus.

Hab. — Aux environs d'Auch dans les bois, sous les pierres, à Beaulieu, au bois d'Auch. R. R. R.

21. Hélice bouton.

Helix rotundata. MULL.

Id.   Id.   DRAP., p. 114, pl. 8, f. 4 à 7.

Anim. — Gris, noirâtre en dessus, plus pâle en dessous, demi-translucide.

Coq. — Fortement et élégamment striée, à ombilic très-ouvert. spire de 7 à 8 tours un peu convexes, croissant insensiblement; ouverture ovalaire, médiocrement échancrée par l'avant-dernier tour qui est un peu sub-caréné. — Couleur d'un gris fauve nué de flammules plus foncées. Ces flammules sont surtout apparentes dans le jeune âge. — On trouve. quoique très-rarement, une variété grise sans flammules.

Hauteur, 2 à 4^m. — Longueur, 6 à 8^m.

Hab. — Autour des vieilles murailles, dans les bois frais, aux env. d'Auch, au Mouroussin, à St.-Christaud, à Montégut, au bois de Toujey, à Bivés, Montaut, Marciac, Riscle et Haget. C.

22. Hélice luisante.
Helix cellaria. MULL.
Helix nitida. DRAP., p. 117, pl. 8, f. 23 à 25.

Anim. — D'un bleu ardoisé un peu grisâtre en dessus, blanchâtre en dessous.

Coq. — Mince, très-finement striée, transparente, luisante. ombilic assez ouvert, spire de 6 à 7 tours légèrement convexes, le dernier beaucoup plus grand proportionnellement ; ouverture oblique, ovalaire, beaucoup plus large que haute, bord tranchant. — Couleur fauve clair en dessus, fauve blanchâtre en dessous. bleuâtre lorsqu'elle contient l'animal.

Hauteur. 6 à 8^m. — Longueur, 12 à 18^m.

Hab. — Dans les caves humides, dans les bois, les jardins, le long des murs, sous les pierres, à Auch, Lectoure, Bivés. Gimont, Mauvezin. C.

23. Hélice lucide.

Helix nitida. Mull.

Helix lucida. Drap., p. 103, pl. 8, f. 11 à 12.

Anim. — D'un gris ardoisé en dessus, plus pâle en dessous.

Coq. — Mince, luisante, transparente, très-finement striée, moins aplatie que l'espèce précédente ; spire de 4 à 5 tours un peu convexes, ouverture arrondie médiocrement échancrée par l'avant-dernier tour, ombilic assez ouvert. — Couleur fauve, uniforme en dessous et en dessus.

Hauteur, 3 à 4ᵐ. — Diamètre, 6 à 8ᵐ.

Hab. — Aux environs d'Auch, sous la mousse, les pierres, dans les bois, — au bois d'Auch, à Bivés (M. Rous). R.

24. Hélice cristalline.

Hélix cristallina. Mull.

Id.   Id.   Drap.. p. 118, pl. 8, f. 13 à 17.

Anim. — Blanchâtre ou jaunâtre, tentacules bleuâtres.

Coq. — Luisante sans stries apparentes à l'œil nu, spire de 4 à 5 tours à peine convexes en dessus, ouverture arrondie, assez échancrée par l'avant-dernier tour ; une fente ombilicale ou un ombilic très-peu prononcé. —Couleur se confondant avec celle de l'animal lorsqu'il y est dedans ; d'un blanc pur transparent, lorsque l'animal n'y est plus.

Hauteur, 1ᵐ. — Diamètre, 2 à 3ᵐ.

Je n'ai jamais trouvé, dans nos contrées, la var. beaucoup plus grande que l'on rencontre dans le nord de la France.

Hab. — Les bois aux environs d'Auch, sous les

pierres, au bois d'Auch, aux bois de Toujey, de la Hourre. R. R.

SIXIÈME GENRE.

Succinée.
Succinea. DRAP.
Helix. LIN.
Helicis pars. FÉRUSS.
Bulimus. BRUG.

Anim. — Allongé, spiral, rampant, pouvant à peine être contenu dans la coquille ; 4 tentacules, les supérieurs assez courts, gros, renflés à la base ; les inférieurs à peine visibles.

Coq. — Dextre, ovale-oblongue, fragile, transparente ; dernier tour de spire très-grand, ouverture plus haute que large, bord droit tranchant.

Succinée amphibie.
Succinea putris. TURTON.
Succinea amphibia. DRAP., p. 58, pl. 3, f. 22, 23.
Hélix putris. LIN.

Anim. — Grisâtre, demi-transparent, tentacules supérieurs beaucoup plus longs que les inférieurs.

Coq. — Oblongue, finement striée, transparente et fort mince, non ombiliquée ; spire de 3 tours très-obliques, le dernier formant presque la totalité de la coquille ; ouverture oblongue, beaucoup plus haute que large ; péristôme simple, très-mince. — Couleur jaunâtre plus ou moins doré, selon les localités plus ou moins chaudes qu'elle habite.

Hauteur, 15 à 20^m. — Diamètre, 8 à 12^m.

Hab. — Aux environs d'Auch, Lectoure, Tourne-coupe, Plaisance, etc.; le long des eaux, sur les herbes, dans les fossés, les viviers, etc.

Ce mollusque, improprement appelé amphibie, vit à l'air libre, mais traverse les eaux dans lesquelles il rampe avec facilité (à la manière des pulmonés aquatiques) pour se rendre aux herbes dont le pied plonge dans l'eau, et sur lesquelles il semble se tenir de préférence.

Septième Genre.

Bulime.

Bulimus. Brug.

Helicis pars. Lin.

Anim. — Semblable à celui des Hélices.

Coq. — Ovale ou oblongue, quelquefois turriculée; ouverture ovale, entière, sans dents ni plis, à bords désunis supérieurement et inégaux. Columelle lisse, droite, point ou peu tronquée à la base.

Tableau analytique des espèces du Genre Bulimus.

1	Coq. tronquée à l'extrémité de la spire........	B. Decollatus.
	Coq. non tronquée à l'extrémité.....................	2
2	Coq. brillante, lisse et luisante..............	B. Lubricus.
	Coq. terne et striée......	B. Obscurus.

A. COQ. TRONQUÉE AU SOMMET.

1. Bulime décollé.

Bulimus decollatus. Brug.

    Id.   Id.   Drap., p. 76, pl. 4, f. 27.

Anim. — Allongé, effilé, gris noirâtre en dessus, un peu moins foncé en dessous, tentacules supérieurs très-longs.

Coq. — Turriculée, un peu conique, sommet toujours tronqué dans l'âge adulte, obtus dans le jeune âge, elle conserve toujours de 3 à 5 tours de spire légèrement convexes, striés; les stries sont très-prononcées vers la suture qui est marginée inférieurement. Ouverture ovale, péristôme épaissi, très-peu évasé, la fente ombilicale à peine marquée. — Assez épaisse et néanmoins translucide; couleur brune ou cornée plus ou moins foncée.

Hauteur, 30 à 40^m. — Diamètre, 10 à 15^m.

Hab. — Presque toute la partie nord-est du département, St.-Clar, Samatan, Tournecoupe, Bivés, (M. Rous), Cologne, (M. Ficadère). Gimont, Castelnau-Barbarens.

Cette espèce, des contrées méridionales, paraît manquer vers le S-O du département; et dans les pays plus chauds, dans l'Algérie, par exemple, elle acquiert des dimensions beaucoup plus fortes. On la trouve quelquefois, dans les environs de Bougie, de 3 pouces de longueur (85^m.), d'après M. TERVER.

B. COQ. NON TRONQUÉE AU SOMMET.

2. **Bulime obscur.**
Bulimus obscurus. DRAP., p. 74, pl. 4, f. 23.

Anim. — Cendré-noirâtre en dessus, plus pâle en dessous.

Coq. — Oblongue, un peu ventrue inférieurement, finement striée, spire de 6 à 7 tours un peu convexes, le dernier proportionnellement plus grand que les autres; une fente ombilicale peu marquée; ouverture subovale, péristôme à peine réfléchi. — Couleur brun fauve uniforme.

Hauteur, 10 à 12^m. — Diamètre, 5 à 6^m.

Hab. — Dans les bois rocailleux des coteaux, à Auch, à Lectoure, à Bivès, (M. Rous). , à Mirande, (M. Dufilho), à Condom, (M. l'abbé Goussard). R.

3. Bulime brillant.
Bulimus subcylindricus. (1)
Bulimus lubricus. Drap., p. 75, pl. 4, f. 24.
Achatina lubrica. Mich.

Anim. — Fauve noirâtre en dessus, plus pâle en dessous.

Coq. — Lisse, très-luisante, ovale allongée, un peu obtuse au sommet ; spire de 5 à 6 tours assez convexes, suture bien marquée, ouverture subovale, péristôme épaissi d'un fauve rougeâtre. — Couleur cornée, plus ou moins fauve selon les localités où on la trouve ; elle est plus foncée à proportion qu'on se rapproche davantage des Pyrénées.

Hauteur, 6 à 7^m. — Diamètre, 3^m.

Hab. — Dans tout le département les lieux humides, sous les mousses, les pierres, env. d'Auch, Lectoure, Condom, Mirande, les bords de l'Arros, de l'Adour, etc. C.C.

M. Noulet, dans son *Histoire des Mollusques terrestres et fluviatiles du bassin sous-Pyrénéen*, p. 49, affirme que l'Achatina folliculus Mich., n'est qu'une variété du B. Lubricus (Ach. Lubrica). Je ne puis partager l'opinion du naturaliste toulousain, et d'un autre côté je ne suis pas surpris qu'il soit tombé dans cette erreur, s'il n'a pas eu à sa disposition des échantillons authentiques de cette espèce : car la figure du complément de Draparnaud est loin d'être exacte et favorise l'opinion de M. Noulet. Mais je possède l'A. folliculus que M. Michaud a eu la bonté de me communiquer, et il est facile de remarquer entre les coquilles des deux espèces les différences suivantes :

______

(1) Cette espèce est rangée par plusieurs auteurs dans le genre *Achatina*.

1°. le dernier tour de spire est beaucoup plus grand proportionnellement dans cette dernière ; 2°. l'ouverture est aussi beaucoup plus
haute et plus étroite ; 3°. enfin la taille constamment plus forte. Toutes ces différences me paraissent de nature à constituer une bonne
espèce. La figure de l'Iconographie de Rossmassler est très-bonne :
taf. 49, fig. 656.

Huitième Genre.

Agathine.
Achatina. Lam.
Bulimi pars. Drap.
Helicis pars. Lin.

Anim. — Semblable à celui des bulimes.

Coq. — Oblongue ou turriculée semblable à celle
des bulimes dont elle diffère par la columelle nettement
tronquée à la base.

Agathine aiguillette.
Achatina acicula. Lam.
Bulimus acicula. Drap. , p. 75, pl. 4, f. 25 , 26.

Anim. — Blanchâtre , tentacules non renflés au
sommet.

Coq. — Très-allongée , lisse , luisante , spire de 5
à 7 tours très-peu convexes , le dernier presque aussi
grand que tous les autres ensemble : ouverture oblongue , péristôme simple , sans bourrelet intérieur et sans
ombilic. — Couleur ordinairement blanche, quelquefois un peu roussâtre.

Hauteur, 5 à 7^m. — Diamètre, 1 1/2^m au plus.

Hab. — Le long des eaux dans les lieux frais et humides , sous les pierres , les feuilles mortes , à Auch ,
Lectoure , Mirande , Gimont , Bivés. C.

Neuvième Genre.

Clausilie.

Clausilia. Drap.

Hélicis pars. Lin.

Bulimi pars. Brug.

Anim. — Semblable à celui des hélices.

Coq. — Sénestre, turriculée, fusiforme, mince, obtuse au sommet ; ouverture ovale, à bords réunis ; plissée ; péristôme continu, réfléchi, un osselet élastique (*clausilium* Auct.) columellaire.

Tableau analytique des espèces du Genre Clausilia.

1	Coq. lisse.......................	C. Bidens.
	Coq. striée......................	2
2	Coq. très-ventrue................	Cl. Ventricosa.
	Coq. effilée un peu ventrue......	3
3	Coq. fortement striée...:........	C. Rugosa.
	Coq très-légèrement striée.......	C. Parvula.

1. Clausilie lisse.

Clausilia laminata. Turt.

Clausilia bidens. Drap., p. 68, pl. 4, f. 5 à 7. (Fig. mauv.) et Rossm., Icon, taf. 2, f. 29.

Anim. — Noirâtre ou gris-ardoisé, blanchâtre en dessous, chagriné en dessus, tentacules supérieurs longs et gros, les inférieurs courts.

Coq. — Allongée, fusiforme, lisse, ou plûtot si finement striée qu'elle paraît lisse. Spire de 10 à 12 tours très-légèrement convexes. Ouverture ovale-oblongue, resserrée vers le haut : deux dents au bord columellaire, l'inférieure très-oblique, péristôme épaissi et blanchâtre.

— Teinte générale cornée fauve ou brunâtre, un peu plus pâle au sommet.

Hauteur , 15 à 20ᵐ. — Diamètre , 4 à 5ᵐ.

Hab. —Les bois frais des coteaux et les rochers à Bivés. (M. l'abbé Rous.) R. R. R.

2. Clausilie ventrue.
Clausilia ventricosa. Drap. , p. 71 , pl. 4 , f. 14 et mieux Rossm. , Icon, taf. 18, f. 276 et 277.

Anim. — Gris noirâtre, plus pâle en dessous.

Coq. —Assez fortement striée , ventrue , fusiforme , retrécie à la partie supérieure ; spire composée de 10 à 12 tours un peu convexes ; ouverture ovalaire, arrondie inférieurement , plusieurs dents columellaires plus ou moins prononcées , d'ordinaire deux assez apparentes ; — Couleur d'un fauve tantôt clair tantôt foncé.

Hauteur , 12 à 15ᵐ. — Diamètre , 3 à 4ᵐ.

Hab. — Les bois , sous les mousses, à Auch , à Lectoure, à Bivés, (M. Rous.) R. partout, quoique se trouvant dans presque tous nos bois montueux.

3. Clausilie rugueuse.
Clausilia perversa. Pfeif.
Clausilia rugosa. Drap. , p. 73 , pl. 4 , f. 19, 20.

Cette fig. de Drap. représente très-bien la var. de Montpellier ; mais les notres sont communément plus courtes, plus ventrues et plus rugueuses.

Anim. — Noirâtre.

Coq. — Fusiforme , très-allongée dans la var. A ; un peu ventrue dans la var. B. ; spire de 8 à 13 tours un peu convexes , striés ; ouverture ovale oblongue , munie de deux dents. — Couleur d'un brun fauve plus ou moins foncé.

Var. A. — Allongée, très-peu fusiforme. Spire de 12 à 13 tours. Type de DRAP.

Var. B. — Plus courte et plus fusiforme.

Hauteur, 8 à 15^m. — Diamètre, 2 1⁄2^m au plus.

Hab. — Partout sous les mousses, dans les lieux frais, les bois, les murs, les haies, etc. On me l'a portée de tous les points du département.

La var. A. R. R. à Durand près d'Auch.

4. Clausilie naine.

Clausilia parvula. MICH., compl. de DRAP., p. 57, pl. 15, f. 21, 22.

Clausilia rugosa. Var. G. DRAP.

Anim. — Noirâtre, plus pâle en dessous.

Coq. — Presque lisse tant elle est finement striée, luisante, allongée, mais moins effilée que la précédente; outre les deux dents semblables à celles de la Cl. rugosa, il y a souvent une ou plusieurs autres dents moins apparentes. Spire de 7 à 8 tours très-peu convexes. Ouverture plus arrondie que dans l'espèce précédente. — Couleur fauve rougeâtre clair.

Hauteur, 7 à 10^m. — Diamètre, 2^m au plus.

Hab. —Sous la mousse des vieux murs et des rochers, à Auch, à Lectoure, à Bivès, (M. ROUS.) R.

Cette Clausilie est-elle la même que la Cl. rugosa de DRAP., et ne doit-elle pas former une espèce à part ? Il est certain que si l'on ne considère que la forme de l'ouverture, il est difficile de trouver une différence très-notable; mais si l'on fait attention en même temps à l'absence presque totale des stries, à la couleur de la coquille, à la saillie à peu près constante du dernier tour et à la forme arrondie de l'ouverture, il sera difficile alors, ce me semble, de ne pas l'admettre, du moins, comme variété si constante, que dès-lors il importe fort peu de dire si c'est une espèce ou bien une variété.

Il m'a été facile de vérifier mes observations sur cette espèce, ayant à ma disposition des échantillons de la Cl. parvula, qui m'ont été donnés par M. Michaud lui-même et Rossmassler; et ceux que nous avons trouvés dans le département sont en tout conformes aux leurs.

M. Noulet, dans son tableau des mollusques du bassin sous-Pyrénéen, p. 58, rapporte à la Cl. parvula Mich., la variété de la C. rugosa si commune dans tout le bassin. Il me semble que son observation n'est pas exacte, puisque le continuateur de Draparnaud donne pour synonyme de sa Cl. parvula, la var. G. de Drap., tandis que M. Noulet indique la var. B. du même auteur.

En outre, tous les échantillons de Cl. rugosa que j'ai reçus des divers points du département présentent toujours les mêmes caractères et diffèrent de la Cl parvula. Cette dernière n'est pas toujours plus petite que la première; car j'ai trouvé dans les Alpes sur les rochers des environs de la grande Chartreuse, des individus de Cl. parvula aussi grands que les Cl. rugosa ordinaires, et réciproquement dans nos contrées j'ai eu souvent occasion d'observer cette dernière d'aussi petite taille que la première, et dans ce cas les stries sont toujours beaucoup plus fortes dans la rugosa, avec les différences signalées plus haut.

DIXIÈME GENRE.

Maillot.

Pupa. Drap.

Helicis pars. Lin.

Bulimi pars. Brug.

Helix (cochlodonta). Fer.

Anim. — Semblable à celui des hélices.

Coq. — Cylindracée, rarement un peu fusiforme, turriculée, ordinairement assez solide, à sommet obtus; ouverture demi-ovale ou demi-ronde, irrégulière, ordinairement dentée ou plissée, communément dextre, quelquefois sénestre.

Tableau analytique des espèces du Genre Pupa.

| 1 | Coq. dextre...................................... | 2 |
| | Coq. sénestre.............................. P. Perversa. | |

2 { Coq. cylindrique.................... 3
    { Coq. conique ou fusiforme............. 5

3 { Coq. exactement cylindrique jusqu'au sommet P. Minutissima.
    { Coq. un peu conique au sommet.......... 4

4 { Coq. sans ombilic, un bourrelet blanc très-
        prononcé au péristôme....... .... P. Muscorum.
    { Coq. ombiliquée, sans bourrelet, etc...... P. Umbilicata.

5 { Coq. conique....................... 6
    { Coq. fusiforme lisse et brillante.......... P. Goodalii.

6 { Coq. très-petite, 2ᵐ au plus............. P. Pygmoea.
    { Coq. au moins deux fois plus grande...... 7

7 { Ouverture à 4 dents................... P. Granum.
    { Ouverture à 7 ou 8 dents.............. P. Secale.

I.

COQ. DEXTRE.

A. COQ. CYLINDRIQUE TRÈS-OBTUSE AU SOMMET.

1. Maillot très-petit.

Pupa minutissima. HARTM.

Pupa muscorum. DRAP., p. 59, pl. 3, f. 26, 27. La figure de DRAP. n'est pas assez exactement cylindrique.

Anim. — Grisâtre en dessus, plus pâle en dessous.

Coq. — Dextre, à peu près exactement cylindrique, mamelonnée au sommet ; spire de 6 tours élégamment striés, vus à la loupe ; car à l'œil nu, on ne distingue pas les stries ; tours assez convexes, croissant graduellement ; ouverture à une seule dent ou sans dent. — Couleur d'un brun fauve assez transparent.

Hauteur, 2ᵐ. — Diamètre, 1ᵐ au plus.

Hab. — Sous les feuilles mortes, les pierres, les mousses, dans les bois, le long des ruisseaux, autour des habitations rustiques, à Auch, Lectoure, Bivés. R.

2. Maillot des mousses.

Pupa muscorum. Lam.

Pupa marginata. Drap. , p. 61 , pl. 3 , f. 36 à 38.

Anim. — Grisâtre, plus pâle en dessous.

Coq. — Dextre, ovale cylindrique, sans stries apparentes, même à la loupe ; spire de six tours un peu convexes ; ouverture demi-ovale, une dent sur le milieu de la columelle ; péristôme très-peu réfléchi, avec un bourrelet blanc en dehors , une fente ombilicale peu prononcée. — Couleur brun fauve.

Hauteur, 3^m. — Diamètre, 1 1/2^m.

Hab. — Sous les pierres , particulièrement dans les lieux frais et humides , le long des cours d'eau, à Auch, Lectoure, Mirande, Condom, Gimont, dans la plaine de l'Adour et aux environs de Marciac. C. C.

3. Maillot ombiliqué.

Pupa umbilicata. Drap. , p. 62, pl. 3 , f. 39, 40.

Anim. — Semblable à celui de l'espèce précédente , un peu plus pâle.

Coq. —Presque semblable à la précédente, dont elle diffère par sa dent plus rapprochée du bord droit, par son péristôme très-réfléchi et son ouverture plus ovalaire, sa fente ombilicale beaucoup plus prononcée et qui devient un ombilic assez apparent; enfin par sa taille toujours plus forte. — Même couleur que la précédente.

Hauteur, 4 à 5^m. — Diamètre, 2^m.

Hab. — Sous les mousses au pied des vieux murs, sur les rochers; à Lectoure derrière l'hôpital, aux Trépous près de Lectoure, à Roquelaure près d'Auch, à

Puységur C. A Vic-de-Bigorre sous les cailloux , sur les bords de l'Adour (M. Roses), et sans doute aussi, dans la partie du département traversée par cette rivière.

4. Maillot pygmée.
Pupa pygmœa. Drap. , p. 60, pl. 3, f. 30, 31.

Anim. Gris-noirâtre, plus clair en dessous.

Coq. —Très-petite, ovale, obtuse au sommet, spire de 4 à 5 tours un peu convexes , lisses ou très-finement striés ; ouverture demi-ovale, retrécie dans son milieu , munie de 4 dents dont 2 inférieures, une sur le bord columellaire et l'autre supérieure ; péristôme à peine réfléchi. — Couleur rougeâtre-fauve.

Hauteur, 2^m. — Diamètre, 1^m.

Hab. — Dans les bois, sous les pierres , les mousses ; à Auch, Lectoure, Biane, etc. C.

B. COQ. CONIQUE OU FUSIFORME.

5. Maillot grain.
Pupa granum. Drap. , p. 63 , pl. 3 , f. 45, 46.

Anim. —Grisâtre, la téte et les tentacules noirâtres.

Coq. — Oblongue , un peu conique , légèremen^t obtuse au sommet ; spire de 6 à 7 tours à peine convexes , striés ; ouverture demi-ovale à quatre dents , les columellaires plus marquées que les autres ; péristôme simple ; — Couleur d'un brun corné uniforme.

Hauteur, 4 à 6^m. — Diamètre, 1 à 2^m.

Hab. — Dans les friches , sous les herbes et les mousses ; à Auch, Lectoure, Gimont, Bivés, Mirande, C.

6. Maillot seigle.

Pupa secale. DRAP., p. 64, pl. 3, f. 49. 50.

Anim. — Gris-blanchâtre.

Coq. — Oblongue, très-finement striée, plus renflée que la précédente ; spire de 8 à 9 tours, sommet un peu obtus ; ouverture demi-ovale avec 7 à 8 petites dents ; péristôme un peu réfléchi, blanchâtre. — Couleur cornée-fauve.

Hauteur, 6 à 8ᵐ. — Diamètre, 2 à 3ᵐ.

Hab. — Je n'ai trouvé qu'une seule fois cette espèce à travers une masse d'autres coquilles du département. Je ne puis assigner par conséquent la localité précise.

7. Maillot de GOODAILL.

Pupa GOODAILL. MICH. Compl. p. 68, pl. 15, f. 39, 40.

Anim. — Gris noirâtre en dessus, avec une ligne médiane d'un gris blanchâtre sur le cou, se prolongeant jusqu'au muffle, qui me paraît plus avancé que dans les autres espèces du genre. Tentacules supérieurs assez allongés, gros comparativement au reste du corps de l'animal, les inférieurs très courts. Le dessus du corps est blanchâtre.

Coq.—Ovale elliptique, fusiforme, très-ventrue vers son milieu. Spire de 6 à 7 tours arrondis, croissant proportionnellement, à suture peu marquée; ouverture pyriforme, une dent au bord droit épaissi inférieurement, avec un sinus à la partie supérieure; bord columellaire à 4 dents, deux grandes et deux petites, deux de ces dents s'enfoncent en lames d'un blanc de lait dans l'intérieur de la coquille. — Couleur cornée fauve uniforme, lisse et brillante.

Var. B. cristallina. Couleur de l'animal d'un blanc assez pur, les tentacules et le dessus du corps à peine grisâtre.

Coq. — D'un blanc transparent semblable à celui de l'H. cristallina; plus rare que la variation précédente.

Hauteur, 6 à 7ᵐ. — Diamètre, 2 à 3ᵐ.

Hab. — Bivès, (M. Rous) et Blousson-Sérian (M. Lardos), c'est-à-dire, aux deux extrémités N. et S. du département. R. R. R.

Je n'ai pu voir dans aucun de nos échantillons, soit des localités précitées, soit des Pyrénées, la dent intérieure du bord droit que l'on trouve dans les échantillons du nord et qui est très-bien marquée dans la figure de Michaud et dans celle de Rossmassler, taf. 49, f. 654. d'où notre type pourrait être considéré comme une variété de l'espèce de ces auteurs. Rossmassler a fait une Agathine de cette espèce; plusieurs auteurs Anglais tels que Turton et Leach, en ont fait peut-être avec raison le genre Azeca : car les deux lames d'un blanc pur qui s'enfoncent dans l'intérieur de la coquille sont à demi-élastiques et forment comme le passage entre les dents et lames des Pupa et l'osselet elastique des Clausilies. Ce ne serait donc pas, ce me semble, dans les Agathines, que l'on devrait placer ce mollusque, mais entre les genres Pupa et Clausilia. Je laisse à d'autres plus habiles de vérifier la valeur de mon observation, mais ce n'est qu'avec beaucoup de doute que j'ai mis ce Mollusque parmi les *Pupa.*

II.

COQ. SÉNESTRE.

8. Maillot fragile.

Pupa perversa.

Pupa fragilis. Drap., p. 68, pl. 4, f. 4. (1)

Anim. — Grisâtre, la tête et les tentacules plus foncés.

Coq. — Striée, conique, allongée, spire de 9 à 11 tours ; sommet un peu obtus ; ouverture demi-ovale , ordinairement non dentée et quelquefois avec une dent

---

(1) Plusieurs auteurs anglais ont fait de cette espèce le type d'un genre nouveau qu'ils ont appelé *Baléa.*

rudimentaire sur la columelle ; péristôme simple , un peu évasé. — Couleur fauve clair , un peu transparente et fragile.

Hauteur, 8 à 10^m — Diamètre, 2 à 3^m.

Hab. — A Lectoure , Bivès , Auch , etc. , dans les lieux humides , sous la mousse , dans les fentes des vieux arbres. **C.**

TROISIÈME FAMILLE.

Auricules. **Fer.**
Auriculacés. **Blainv.**

Anim. — Allongé , contourné en spirale , cou entouré d'un collier ; deux tentacules jamais oculés au sommet ; yeux situés vers leur base ; cavité pulmonaire et son orifice à la partie antérieure du collier ; anus s'ouvrant près de l'orifice de cette cavité.

Coq. — Spirale, ouverture dentée, oblique par rapport à l'axe du cône.

Onzième Genre.

Carychie.
Carychium. **Mull.**
Auriculæ pars. **Drap.**
Bulimi pars. **Brug.**

Anim. — Semblable à celui des hélices. Deux tentacules retractiles , gros , cylindriques et obtus ; yeux situés derrière les tentacules , près de leur base sur la tête.

Coq. — Dextre, ovale, oblongue ; ouverture courte, dentée ou sans dents ; cône spiral incomplet.

Carychie pygmée.
Carychium minimum. **Mull.**

Auricula minima. Drap., p. 57, pl. 3, f. 18, 19.

Anim. — Blanc, jaunâtre, un peu souffré quelquefois, et même saffrané vers le sommet de la spire.

Coq. — Très-petite, lisse, oblongue, ventrue ; spire de 4 à 5 tours, le dernier beaucoup plus grand que les autres ; ouverture ovalaire ; péristôme un peu réfléchi, trois dents à l'ouverture, dont une sur la columelle et une sur chaque bord. — Couleur d'un blanc transparent.

Hauteur, 2^m — Diamètre, 1^m.

Hab. — A Auch, Bivès, Sansan, etc., C. Sous les mousses, les feuilles mortes, dans les bois et les lieux frais.

†† Pulmonés inoperculés aquatiques, vivant toujours dans l'eau.

QUATRIÈME FAMILLE.

Lymnéens. Lam.
Lymnacés. Blainv.

Anim — Vivant dans l'eau douce et respirant à sa surface, corps allongé, distinct du pied, contourné en spirale ; le rebord du manteau formant un collier autour du cou ; deux tentacules oculés à la base ; cavité pulmonaire sur le collier.

Coq. — Enroulée, mince, inoperculée, bord latéral tranchant.

Douzième Genre.

Planorbe.
Planorbis. Mull.
Hélicis pars. Lin.

Anim. — Comprimé, allongé, enroulé sur le même plan ; deux tentacules filiformes très-longs, oculés à leur base interne ; pied ovale court et obtus.

Coq. — Discoïde, à spire aplatie ou surbaissée, enroulée sur le même plan horizontal, les tours apparens en dessus et en dessous. Ouverture oblongue ou arrondie, très échancrée par l'avant-dernier tour ; péristôme jamais réfléchi, tranchant.

Les auteurs ne sont pas d'accord sur la question de savoir si l'on doit considérer les planorbes comme dextres ou bien comme sénestres. M. Charles Desmoulins les considère comme dextres, et cette opinion est appuyée par un fait que cite M. Michaud (Complément à Drap. p. 79), je crois devoir adopter la manière de voir de ces deux savans.

Tableau analytique des espèces du Genre Planorbis.

1	Coq. grande, tours très-arrondis......	Pl. Corneus
	Coq. assez petite ou à tours aplatis....................	2
2	Coq. à carène aiguë......	3
	Coq. à carène mousse ou non carénée.......	4
3	Coq. lisse et luisante.................	Pl. Nitidus
	Coq. striée non luisante.......	Pl. Complanatus
4	Coq. de 2 à 3 tours de spire....................	5
	Coq. de 6 tours de spire au moins.......	Pl. Leucostoma
5	Coq. couverte de stries transversales élevées, qui forment comme des dentelures à la carène................	Pl. Cristatus
	Coq. sans stries transversales élevées....	Pl. Albus

A. COQ SANS AUCUNE TRACE DE CARÈNE.

1. Planorbe corné.

Planorbis cornéus. Drap., p. 43, pl. 1, f. 42 à 44.

Anim. — Noirâtre, ou d'un noir un peu violâtre ; tentacules longs, d'un gris sale, très-flexibles.

Coq. — Grande, renflée, striée ; spire de 4 à 5 tours, le dernier très grand proportionnellement aux autres. Surface supérieure un peu concave , l'inférieure fortement ombiliquée ; ouverture arrondie , échancrée par l'avant-dernier tour. — Couleur cornée , brune ou brun rougeâtre.

Hauteur , 8 à 14ᵐ. — Diamètre , 22 à 35ᵐ.

Nous n'avons jamais rencontré cette espèce à l'état vivant dans le département ; mais elle abonde à l'état fossile dans nos calcaires marneux. Néanmoins, il me paraît assez probable qu'elle doit habiter les eaux dormantes de nos étangs de l'ouest. On pourra peut-être plus tard la trouver aux environs d'Auch ; car elle a été mise dans plusieurs mares de nos environs.

2. Planorbe blanc.
Planorbis albus. MULL.
Planorbis hispidus. DRAP. , p. 43 , pl. 1 , f. 45 à 48.

Anim. — D'un gris plus ou moins pâle , selon les eaux qu'il habite ; tentacules longs blanchâtres.

Coq. — Striée longitudinalement et transversalement ; spire de 3 à 4 tours arrondis , le dernier sans carène proportionnellement plus grand que les autres ; ouverture ovale arrondie , sans bourrelet intérieur. — Couleur brun pâle , quelquefois légèrement cornée , mince et fragile.

Hauteur , 2 à 3ᵐ. — Diamètre , 4 à 7ᵐ.

Hab. — Les petites rivières , les mares d'eau vive , dans le Gers , l'Arrats , aux environs d'Auch , Tournecoupe , (M. Rous.) R. Les fossés d'eau stagnante , dans la plaine de l'Adour , à Plaisance , Riscle , au Lin , C.C.

La coq. est surtout dans le jeune âge , hérissée de pointes épidermiques assez caduques qui la font paraître comme hispide.

B. COQ. SUBCARÉNÉE.

3. Planorbe leucostome.

Planorbis leucostoma. MILLET.

Planorbis leucostoma. MICH., compl. à DRAP., p. 80, pl. 16, f. 3 à 5.

Anim. — D'un beau brun rougeâtre ou violet, foncé en dessus, plus clair en dessous de même que les tentacules ;

Coq. — Très-finement striée, très-légèrement ombiliquée en dessus, entièrement aplatie en dessous ; spire de 6 à 7 tours croissant graduellement, le dernier subcaréné supérieurement ; ouverture arrondie, un fort bourrelet blanc intérieurement. — Couleur roussâtre ; demi-transparente.

Hauteur, 1 à 2^m. — Diamètre, 6 à 8^m.

Hab. — Les environs d'Auch, de Lectoure, Mirande, C. C. C. Dans les fossés, les petites mares qui demeurent à sec une partie de l'année.

Lorsque ce mollusque s'enfonce dans la vase des fossés desséchés, ou qu'on le tient hors de l'eau pendant un certain temps avec quelque précaution, il ferme l'ouverture de sa coquille par un épiphragme blanchâtre dans le genre de celui des hélices.

C. COQ. FORTEMENT CARÉNÉE.

4. Planorbe aplati.

Planorbis complanatus. POIR.

Var. A. Planorbis carinatus. DRAP., p. 46, pl. 2, f. 13, 14, 16.

Var. B. Planorbis marginatus. DRAP., p. 46, pl. 2, f. 11, 12, 15.

Anim. — Noirâtre ; tentacules roussâtres.

Coq. — Striée, fortement carénée, carène très-aiguë, plus ou moins médiane, plus aplatie et moins fortement ombiliquée supérieurement, qu'inférieurement ; spire de 4 à 5 tours plus convexes en dessous qu'en dessus.

Hauteur, 3 à 5ᵐ. — Diamètre, 10 à 16ᵐ.

Hab. — Dans les fossés et les eaux stagnantes de la plaine de l'Adour et de l'Armagnac, à Plaisance, Riscle, au Lin, Nogaro, etc.

Dans cette espèce, il est facile de trouver une série de passages, soit de taille, soit de carène plus ou moins médiane, j'ai choisi le nom spécifique le plus ancien, d'autant que probablement il ne pourra pas amener de confusion avec le *Planorbis complanatus* de Drap., qui rentrera dans notre *Planorbis nitidus*.

J'ai trouvé avec M. l'abbé Rous, dans un fossé aux environs de Plaisance, quelques échantillons que je considère avec doute, comme une variété de cette espèce ; si elle était constante, elle devrait peut-être constituer une espèce particulière, sa forme générale en ferait comme un intermédiaire entre le *Planorbis complanatus* et le *Planorbis leucostoma* ; en voici une courte description :

Anim. — Noirâtre.

Coq. — Finement striée, spire de 4 tours convexes inférieurement, aplatis supérieurement, un peu plus profondément ombiliquée en dessous qu'en dessus, une carène bien prononcée et qu'on dirait être rapportée sur le dernier tour à partir de l'insertion du bord gauche, ce qui fait que, malgré cette carène, le tour est bien arrondi ; ouverture ovalaire, le bord droit avançant beaucoup plus que le gauche ; un bourrelet intérieur blanchâtre, dans le genre de celui du *Planorbis leucostoma*, le dernier tour plus grand que les autres.

Hauteur, 2ᵐ 1/2 au plus. — Diamètre, 6 à 8ᵐ.

Hab. — Dans les fossés à Préchac près de Plaisance, R. R. R.

Je me contente de signaler cette variété ou espèce à l'attention des naturalistes plus habiles qui décideront après l'avoir étudiée, ce que l'on doit en faire.

5. Planorbe brillant.
Planorbis nitidus. MULL.
Var. A. Planorbis nitidus. DRAP., p. 46, pl. 2, f. 17 à 19.
Var. B. Planorbis complanatus. DRAP., p. 47, pl. 2, f. 20 à 22.

Anim. — Fauve noirâtre ; tentacules d'une couleur plus claire, surtout au sommet.

Coq. — Aplatie, fortement ombiliquée en dessus, à peine enfoncée en dessous ; spire de 3 à 4 tours, dont le dernier très-grand comparativement aux autres est fortement caréné : carène très-aiguë , tantôt submédiane, var. A ; tantôt presque supérieure, var. B. — Lisse, luisante, mince et fragile, variant, pour la couleur, du blanc transparent au corné fauve.

Hauteur, 1ᵐ. — Diamètre, 3 à 5ᵐ.

Hab. — Les fossés de la plaine de l'Adour et de l'Armagnac, à Plaisance, Riscle, le Lin, Nogaro. R.

MULLER, avec sa sagacité ordinaire, avait confondu les deux espèces de DRAP. et n'en avait fait qu'une seule. Il m'a semblé convenable de réunir les deux du naturaliste de Montpellier, pour les mêmes raisons que j'ai déjà données à l'occasion des *Planorbis carinatus* et *marginatus* d'abord, et ensuite des *Planorbis imbricatus* et *cristatus* du même auteur ; car toute la différence ne consiste qu'en un peu plus ou moins de taille et d'aplatissement ou de convexité dans la spire.

6. Planorbe nautiléen.

Planorbis nautileus. Desh.

Var. A. Cristatus. Planorbis cristatus. Drap., p. 44, pl. 2, f. 1 à 3.

Var. B. Imbricatus. Planorbis imbricatus. Drap., p. 44, pl. 1, f. 49 à 51.

Anim. — Grisâtre ; tentacules plus pâles et effilés.

Coq. — Aplatie, obtusément carénée inférieurement, plus ou moins fortement striée transversalement, ce qui rend la carène denticulée ou dentée ; stries tantôt régulières, tantôt irrégulières ; spire de 2 1/2 à 3 tours, le dernier proportionnellement plus grand que les autres. — Couleur passant du brun au corné fauve, selon les individus et les eaux qu'ils habitent.

Hauteur, 1/2^m — Diamètre, 2^m au plus.

Hab. — Dans un vivier à Beaulieu près d'Auch, les fossés stagnants de la plaine de l'Adour, à Plaisance, Riscle, le Lin, Nogaro. R.

D'après des observations faites sur un grand nombre d'individus, il me semble que les deux espèces de Drap. doivent être réunies en une seule ; car les crêtes plus ou moins saillantes de la carène sont la seule différence un peu notable que l'on puisse assigner ; voici les deux phrases de l'auteur de l'histoire des mollusques ; il sera facile de se convaincre du peu de valeur des caractères distinctifs.

Planorbis imbricatus. Testa supra plana, subtus umbilicata, spirâ *lamellis transversis* cincta carina *denticulata.*	*Planorbis cristatus.* Testa supra plana, subtus umbilicata spirâ lamellis transversis *aut striis elevatis raris* cincta, carina *dentata.*

Dans la description, Drap. donne encore une autre différence, celle du péristôme continu dans l'une et subcontinu dans l'autre. Or, ce caractère est encore très-variable et d'aussi peu de valeur que celui de la taille ; d'après lui, le *Pl. cristatus* est plus petit que l'autre. Ce qui me parait vrai, c'est que ce dernier est le jeune âge de notre espèce ou bien une simple variété; car nous avons observé que les stries et les crêtes sont toujours plus saillantes dans les individus jeunes ou de petite taille , et s'oblitèrent petit à petit de manière à n'être presque plus apparentes dans les plus âgés et les plus gros individus.

Treizième Genre.

Physe.
Physa. DRAP.
Planorbis pars. MULL.
Bulimi pars. BRUG.

Anim. — Spiral , ovale , pied allongé , arrondi antérieurement , aigu postérieurement ; deux tentacules longs , subulés, oculés à leur base interne.; manteau bilobé, digité ou frangé sur les bords.

Coq. — Sénestre , enroulée , oblongue ; ouverture allongée ; columelle torse , bord latéral mince et tranchant.

Physe aigue.
Physa acuta. DRAP. , p. 55 , pl. 3 , f. 10 et 11.

Anim. — Gris pâle , un peu noirâtre en dessus.

Coq. — Sénestre , tantôt ovale allongée , tantôt ovale ventrue, finement striée ; spire de 4 à 6 tours, le dernier très-grand comparativement aux autres ; ouverture allongée , retrécie supérieurement ; un bourrelet intérieur passant du blanc au rougeâtre ; ce bourrelet est quelquefois à peine sensible.

Hauteur , 10 à 18^m. — Diamètre , 6 à 10^m.

Hab. — Les fontaines , les bassins , les rivières, sur les plantes aquatiques , à Auch , Lectoure , Gimont , Bivés , Mirande , Condom , C. C. C. Dans le Gers , l'Arrats , le canal de la Baïse.

Cette espèce est-elle réellement bien distincte de la Physa fontinalis? Quelques observations faites sur un grand nombre d'individus me porteraient à en douter. J'en ai eu beaucoup à ma disposition, et la différence de longueur et d'acuité de la spire est énorme; des échantillons qui ont été pris dans le canal de la Baïse à Condom (1), ont la spire au moins 2 ou 3 fois plus courte que ceux que nous trouvons communément dans les autres localités citées plus haut; elles sont en même temps beaucoup moins longues et plus ventrues, et cependant les unes et les autres sont bien, tant par les caractères de l'animal que par ceux de la coquille, la Physa acuta de Drap. Le caractère donc tiré de la longueur de la spire n'est peut-être pas de grande valeur. En outre, l'animal ne paraît pas présenter les différences signalées par Draparnaud entre ces deux espèces. C'est du moins ce qui résulte des observations faites séparément à Toulouse par deux naturalistes très-judicieux, MM. Noulet et Moquin-Tandon, qui ont trouvé les franges ou digitations du manteau dans les deux espèces.

De plus, un individu que j'ai rencontré il y a peu de temps, présente une spire si courte et si obtuse, et une coquille si fragile, qu'en unissant ces caractères à l'absence complète de bourrelet intérieur et à l'élargissement de la coquille, je l'aurais prise volontiers pour la Physa fortinalis, si elle n'eût été trouvée isolée au milieu d'un très-grand nombre de Physa acuta. Du reste, les caractères tirés de l'absence du bourrelet intérieur dans la première, n'ont peut-être pas beaucoup d'importance, puisque la dernière ne les a pas ordinairement dans le jeune âge, ni même souvent dans l'âge adulte, lorsqu'on la trouve dans les eaux vives des fontaines ou des bassins attenants, et alors elle est aussi fragile que la Physa fontinalis. Je concluerai donc qu'il peut bien se faire que les Physa acuta et fontinalis ne soient qu'une seule et même espèce modifiée par les circonstances de lieu, de climat et de nourriture. Je n'oserais pas cependant me prononcer entièrement sur cette question, puisque les deux espèces ont été admises par les malacologistes depuis Draparnaud. Je me contente de signaler mes doutes aux naturalistes plus habiles qui font aujourd'hui avec tant de soin, de zèle et de succès des recherches et des observations sur toutes les branches de notre histoire naturelle indigène si long-temps négligée.

---

(1) Par M. l'abbé Lassale, d'Estang, c'est la var. ventrue de M. Noulet.

Quatorzième Genre.

Lymnée.

Lymnea. Lam.

Lymneus. Drap.

Helicis pars. Lin.

Anim. — Ovale , spiral , deux tentacules aplatis , triangulaires , courts , très-gros à la base ; un œil à la base interne de chacun d'eux , pied large , bilobé antérieurement et retréci postérieurement.

Coq. — Dextre , très-variable , passant de la forme extrêmement ventrue, à spire presque nulle, jusqu'à la forme étroite allongée, turriculée. : ouverture entière , plus haute que large , bord latéral tranchant, columelle un peu torse.

Tableau analytique des espèces du Genre Lymnea.

1 {	Ouverture plus haute que la moitié de la hauteur de la coquille.....	2.
	Ouverture moins haute que la moitié etc....	5.
2 {	Ouverture presque aussi large que haute....	L. Auricularia·
	Ouverture beaucoup moins large que haute..	3.
3 {	Spire de 3 à 4 tours....................	L. Ovata.
	Spire de 5 à 7 tours...................	4.
4 {	Coq. de 25m de hauteur au plus..........	L. Peregra.
	Coq. de 40m de hauteur au moins.........	L. Stagnalis.
5 {	Hauteur de l'ouverture égalant à peine le tiers de la hauteur de la coquille............	L. Leucostoma.
	Hauteur de l'ouverture égalant presque la moitié de la hauteur de la coquille.......	6.
6 {	Tours de spire bien convexes............	L. Truncatula .
	Tours de spire peu convexes............	L. Fragilis.

A. Hauteur de l'ouverture excédant la moitié de la hauteur de la coquille.

1. Lymnée ventrue.

Lymnea auricularia. LAM.

Lymneus auricularius. DRAP., p. 49 , pl. 2 , f. 28, 29.

Anim. — Grisâtre , le manteau parsemé de belles tâches jaunes qui paraissent à travers la coquille.

Coq. — Très-ventrue , spire très-aigue de 3 à 4 tours , le dernier formant presque la totalité de la coquille ; bord columellaire arrondi inférieurement et supérieurement , quelquefois un bourrelet intérieur blanchâtre ou obscurément fauve. — Transparente, mince, fragile, d'une couleur roux fauve ou roux clair.

Hauteur , 20 à 30^m. — Diamètre , 15 à 25.

Hab. — Les rivières, les étangs, les fossés, à Auch , Lectoure , Bivés , Mirande , dans les étangs de l'Armagnac , C. C.

Dans les grands étangs de l'ouest, elle acquiert une taille beaucoup plus forte que dans les rivières et les fossés du centre, de l'est et du nord du département.

2. Lymnée ovale.

Lymnea ovata. LAM.

Lymneus ovatus. DRAP. , p. 50 , pl. 2 , f. 30 , 31.

Anim. — Entièrement semblable à celui de l'espèce précédente.

Coq. — Assez semblable à celle de la Limnea auricularia, seulement elle est moins ventrue et plus allongée : l'ouverture est moins large et anguleuse supérieurement.

Hauteur , 15 à 25^m. — Diamètre , 10 à 15^m.

Hab. — Les fossés , les ruisseaux , les petites mares, à Auch , Lectoure , Mirande , Haget , Estang , Mouchan , etc. C. C.

Cette espèce me paraît bien mauvaise et ne devoir former qu'une variété de la précédente ; si je la mentionne, c'est uniquement à cause de la difficulté de préciser la limite entre l'espèce que nous formerions de ces deux et la suivante qui cependant offre des caractères un peu plus distincts peut-être ; mais en les réunissant, je crois qu'on devra ajouter aussi la *Lymnea intermedia* Fer. et quelques autres de divers auteurs.

3. Lymnée voyageuse.

Lymnea peregra. Lam.

Lymneus pereger. Drap., p. 50, pl. 2, f. 34, 35.

Anim. — Gris noirâtre, fauve ou brunâtre.

Coq. — Ovale allongée ; spire de 5 à 6 tours assez fortement striés, le dernier beaucoup plus grand que les autres ; ouverture ovale oblongue, anguleuse supérieurement : bord columellaire réfléchi, mais pas assez pour cacher entièrement la fente ombilicale, souvent un peu rougeâtre de même que le bord du péristôme. — Couleur d'un fauve jaunâtre, tantôt clair, tantôt assez foncé.

Hauteur, 15 à 25^m. — Diamètre, 10 à 15^m.

Hab. — Les eaux stagnantes, les fossés, les petites mares ; C. C., à Auch, Lectoure, Montaut, Bivès, Mirande, etc.

La Coq. de cette espèce est le plus souvent encroûtée d'un limon verdâtre ou noirâtre, lorsqu'elle habite des eaux peu limpides ou quelque peu ferrugineuses.

4. Lymnée des étangs.

Lymnea stagnalis. Lam.

Lymneus stagnalis. Drap., p. 51, pl. 2, f. 38, 39.

Anim. — Fauve, roussâtre, plus pâle en dessous.

Coq. — Allongée ; spire de 6 à 7 tours dont le dernier est très grand et bombé, les autres forment une pointe très-effilée ; ouverture à peine plus haute que le reste de la longueur de la coquille ; bord columellaire réfléchi, cachant entièrement la fente ombilicale ; columelle un peu rougeâtre, surtout lorsqu'on vient d'arracher l'animal. — Couleur fauve clair ou foncé, selon les localités d'où viennent les individus que l'on observe, ordinairement plus prononcée vers le sommet.

Hauteur, 40 à 55ᵐ. — Diamètre, 20 à 30ᵐ.

Hab. — Les étangs de l'Armagnac et les fossés de la plaine de l'Adour, au Lin, à St.-Germé, aux environs d'Eauze, Manciet, Nogaro, Barbotan, Estang, etc. CCC.

Elle est constamment dans ces contrées d'une taille au moins d'un tiers plus forte que dans le canal du midi.

B. Ouverture moins haute que la moitié de la longueur de la coquille.

5. Lymnée naine.
Lymnea truncatula. GOUPIL.
Lymnea minuta. LAM.
Lymneus minutus. DRAP., p. 53, pl. 3, f. 5 à 7.

Anim. — Gris noirâtre en dessus, plus pâle en dessous.

Coq. — Ovale oblongue, de 4 à 5 tours de spire bien convexes, le dernier plus grand que les autres ; ouverture ovale égalant presque la moitié de la longueur totale de la coquille. — Couleur brune ou blanchâtre, peu transparente à l'état adulte.

Hauteur, 8 à 15ᵐ. — Diamètre, 4 à 8ᵐ.

Hab. — Les fossés, les rivières, les ruisseaux, à Auch, Lectoure, Mirande, Bivès, etc. C. C. C.

Cette espèce se trouve en quantité dans les fossés ou plutôt dans des creux qui contiennent à peine vers la fin de l'hiver, un ou deux hectolitres d'eau, au sommet de nos côteaux élevés. Comment s'y trouve-t-elle? A-t-elle vécu dans la vase desséchée pendant 8 ou 9 mois de l'année? Ou bien, y est-elle montée du bas de ces côteaux? Je l'ignore. On sait bien que c'est une des espèces aquatiques qui résistent le plus à la sécheresse. Il serait curieux de savoir si elle peut y résister aussi long-temps.

6. Lymnée des marais.

Lymnea fragilis.

Lymnea palustris. LAM.

Lymneus palustris. DRAP., p. 52, pl. 2, f. 40, 42 et pl. 3., f. 1, 2.

Helix fragilis. LIN.

Anim. — Noirâtre ou d'un noir un peu violâtre.

Coq. — Allongée, presque turriculée, striée; spire de 6 à 8 tours un peu convexes et souvent anguleux, le dernier plus grand que les autres; ouverture ovale, toujours au moins un peu plus courte que la moitié de la hauteur de la coquille. — Un peu transparente; couleur variant du brun clair au fauve assez foncé.

Hauteur, 20 à 35ᵐ. — Diamètre, 10 à 15ᵐ.

Hab. — Les eaux stagnantes du sud-ouest du département, les étangs, les mares, les fossés de la plaine de l'Adour, à Riscle, au Lin, à Plaisance, Nogaro, Manciet, Eauze, etc. C. C.

Cette espèce est presque toujours encroûtée d'un limon noirâtre.

7. Lymnée leucostome.

Lymnea leucostoma. LAM.

Lymneus elongatus. DRAP., p. 53, pl. 3, f. 3, 4.

Anim. — D'un gris noirâtre un peu translucide.

Coq. — Allongée, effilée, très-finement striée ; spire de 7 à 9 tours croissant insensiblement jusqu'au dernier qui est un peu plus grand que celui qui précède ; ouverture ovale allongée, au moins deux fois moindre que la longueur de la coquille, un bourrelet intérieur blanchâtre. — Transparente ou translucide, d'une couleur blanchâtre ou brunâtre.

Hauteur, 15 à 25^m. — Diamètre, 5 à 8^m.

Hab. — Presque tous les fossés, à Auch, Lectoure, Mirande, toute la plaine de l'Adour et l'Armagnac. CCC.

CINQUIÈME FAMILLE.

Les Ancyles.

Anim. — Non spiral, plus ou moins conique, un peu recourbé en arrière vers le sommet; cavité pulmonaire du côté gauche, l'anus s'ouvrant du même côté, deux tentacules gros, courts et contractiles, avec deux yeux à leur base interne, pied grand, ovalaire ou elliptique.

Coq. — Non spirale, patelliforme, à sommet pointu, un peu recourbé en arrière.

QUINZIÈME GENRE.

Ancyle.
Ancylus. GEOFF.
Patellæ pars. LIN.

Anim. — Comme dans la caractéristique de la famille.
Coq. — Idem.

Les Ancyles sont-ils des Mollusques pulmonés ou bien munis de branchies?

Cette question ne me paraît pas entièrement résolue, c'est pourquoi je vais consigner ici quelques observations que j'ai faites à ce sujet.

Toutes les fois que j'ai pêché des mollusques et que j'ai eu occasion de remarquer des Ancyles, je les ai trouvées à des profondeurs peu considérables , quelques pouces seulement au-dessus du niveau de l'eau, et souvent attachées à des pierres ou à des morceaux de bois alternativement couverts et abandonnés par le flot ; c'est ce que j'ai observé principalement autour des digues de nos moulins et dans les masses d'eau plus considérables , dans les petits lacs des montagnes pour l'*Ancylus fluviatilis* et les étangs pour l'*Ancylus lacustris*. Dans les fontaines , on les trouve quelquefois un peu plus profondément; mais sur des objets le long desquels ils peuvent glisser et revenir à la surface à volonté.

J'ai essayé de me rendre compte d'une manière plus directe de ce fait que m'avaient toujours présenté ces singuliers mollusques. J'avais pensé qu'ils recherchaient de préférence la grande lumière et que cette raison les rapprochait constamment de la surface de l'eau. Je plaçai donc dans un verre de cristal plusieurs individus d'*Ancylus fluviatilis*, la tête tournée vers le bas du vase, de manière à ce qu'ils prissent leur direction de ce côté, et je les vis après avoir rampé quelque temps de droite et de gauche, venir tous à la surface et se fixer au verre, la partie antérieure du corps et de la coquille hors de l'eau. Je répétai plusieurs fois la même expérience et toujours elle me donna les mêmes résultats. Si ces animaux n'avaient recherché que la lumière , ils ne seraient pas venus d'une manière constante, se mettre directement en contact avec l'air libre , puisque la lumière leur était aussi parfaitement transmise dans toutes les autres parties du vase qui les renfermait. De là, je me suis cru autorisé à conclure que les Ancyles sont de véritables pulmonés inoperculés qui de temps en temps sont obligés de venir à la surface de l'eau respirer l'air en nature : seulement jouissent-ils peut-être encore à un plus haut degré que les autres espèces de cette division , de la faculté de conserver en s'appliquant exactement sur les corps auxquels ils adhèrent, l'air qui leur est nécessaire pendant un temps même assez considérable. Tout le monde sait que les Lymnées, Physes et Planorbes passent une grande partie de l'année, tout l'hiver au moins, sans venir respirer à la surface de l'eau, ce qui ne les empêche pas d'être de véritables pulmonés.

En outre , l'organe que les Malacologistes ont pris pour des branchies, est logé comme les véritables poumons dans une cavité particulière et sa conformation me paraît s'éloigner moins de celle d'un poumon simple, que de celle d'une véritable branchie.

Les raisons que j'ai exposées dans cette note m'engagent à en faire une famille particulière et à la placer immédiatement à la suite des Lymnées.

Tableau analytique des espèces du Genre ANCYLUS.

1 { Sommet beaucoup plus rapproché de l'extrémité antérieure................ A FLUVIATILIS.
Sommet à peu près à la partie moyenne.. A LACUSTRIS.

1 Ancyle fluviatile.
Ancylus fluviatilis. MULL.
   Id.   Id.   DRAP. p. 48, pl. 2, f. 23, 24.
Patella fluviatilis. GMEL.

Anim. — De couleur noirâtre, plus pâle en dessous.

Coq. — Ovalaire ou subarrondie, en forme de capu-
chon, sommet obtus recourbé en arrière et beaucoup plus
rapproché de la partie postérieure de la coquille; stries
d'accroissement bien marquées, bord continu tranchant.
— Demi-transparente ; couleur brun clair , ordinairement encroûtée d'un limon verdâtre ou noirâtre.

Hauteur, 2 1/2 à 4^m.
Grand diamètre, 6 à 10^m.—Petit diamètre, 4 à 6^m. (1).

Hab. — Les fontaines , les ruisseaux , les rivières où
elle vit attachée aux pierres, aux plantes et aux feuilles
qui surnagent à la surface des eaux, à Auch, Lectoure,
Mirande, etc. C. C.

2. Ancyle des lacs.
Ancylus lacustris. MULL.
   Id.   Id.   DRAP. , p. 47, pl. 2, f. 25 à 27.
Patella lacustris. LIN.

Anim. — Demi-transparent, grisâtre , beaucoup plus
pâle que le précédent , moins foncé en dessous qu'en
dessus.

---

(1) Dans ce genre, l'ouverture donnant la forme à la coquille , et
étant aussi grande que la coquille elle-même, je suis forcé de donner
le grand et le petit diamètre, pour offrir une idée exacte de la conformation toute entière.

Coq. — Ovale-elliptique, souvent deux fois plus longue que large, sommet assez aigu, presque sur le milieu de la coquille, un peu recourbé en arrière; bord tranchant. — Très-mince, très-fragile, transparente; couleur d'un brun très-clair.

Hauteur , 2^m. au plus.

Grand diamètre , 5 à 7^m. — Petit diamètre , 2 à 4^m.

Hab. — Les eaux stagnantes à Préchac près de Plaisance, au Lin dans une mare. On la trouve particulièrement sur les tiges de l'*Aira aquatica* Linn. et les feuilles des *Potamogeton.* R. R. R.

§ 2me. Pulmonés operculés. Fer.

Ouverture de la coquille fermée par un opercule calcaire.

SIXIÈME FAMILLE.

Turbicinés. Fer.

Anim.—Allongé, spiral, sans collier; deux tentacules non oculés au sommet, deux yeux à leur base externe.

Coq. — Spirale plus ou moins allongée, quelquefois presque entièrement discoïde, ouverture à bords continus ou subcontinus.

Seizième Genre.

Cyclostome.

Cyclostoma. Lam.

Neritæ pars. Mull.

Anim.—Spiral, sans collier ni cuirasse, tête munie d'un muffle un peu proboscidiforme ; deux tentacules cylindracés, quelquefois un peu renflés à l'extrémité ; à leur base externe, on voit deux yeux noirs. Pied petit allongé.

Coq. —Ovale ou allongée; tours de spire convexes; ouverture arrondie, régulière, entière, bords réunis ou à peu près. — Opercule calcaire, accroissement spiral.

Tableau analytique des espèces du Genre CYCLOSTOMA.

1 { Coq. très-ventrue à opercule solide......... C. ELEGANS.
  { Coq. peu ventrue à opercule mince........ 2

2 { Coq. petite à linéoles ou points bien marqués, tours bien arrondis, péristôme très-évasé. C. MACULATUM.
  { Coq. plus grosse à linéoles peu marquées, tours aplatis, peristôme peu évasé............ C. OBSCURUM.

1. Cyclostome élégant

Cyclostoma elegans.

Id.   Id.   DRAP. p. 32, pl. 1, f. 5 à 8.

Nerita elegans. MÜLL.

Anim.—Noir en dessus, plus pâle en dessous. Tentacules un peu renflés au sommet.

Coq. —Ventrue, ovale conique, assez fortement et élégamment striée dans le sens de la spire et aussi transversalement; mais ces dernières stries sont peu apparentes. A la loupe, la coquille paraît élégamment guillochée. Spire de 5 tours, le dernier beaucoup plus grand que les autres. Ouverture arrondie, les deux bords formant à leur insertion un angle peu prononcé, péristôme simple, non réfléchi. Couleur très-variable et passant par toutes les nuances du rougeâtre au grisâtre. Elle est tantôt d'une couleur uniforme, tantôt élégamment parée d'une ou plusieurs rangées de points ou linéoles interrompues, plus foncées que le reste de la coquille. — Opercule spiral assez épais.

Hauteur, 12 à 18^m. — Diamètre, 10 à 14^m.

Hab.—Partout les lieux frais, à Auch, Lectoure, Gimont, Condom, etc. C. C. C.

2. Cyclostome obscur.

Cyclostoma obscurum. DRAP., p. 39, pl. 1, f. 13.

Anim. — Gris, un peu noirâtre en dessus, gris blanchâtre en dessous, tentacules subulés.

Coq. — Allongée, conique, striée longitudinalement; spire de 8 à 9 tours un peu convexes; ouverture arrondie, anguleuse supérieurement à l'insertion des deux bords qui sont subcontinus. Péristôme réfléchi d'un blanc pur. — Passant du fauve ou du brun foncé au grisâtre ; souvent avec des rangées de points ou petites tâches d'une couleur fauve rougeâtre. — Opercule spiral, mince, d'une couleur cornée claire.

Hauteur, 10 à 12^m. — Diamètre, 5 à 6^m.

Hab. — Sous les mousses et les pierres dans les bois, principalement dans les petits bois des côteaux. Au printemps, on l'y trouve souvent attaché aux troncs d'arbre. C. C.

3. Cyclostome pointillé.

Cyclostoma maculatum.

Id. Id. DRAP. p. 39, pl. 1, f. 12.

Anim. — Gris noirâtre, plus foncé que le précédent, tentacules subulés.

Coq. — Fortement striée longitudinalement. Spire de 7 à 9 tours convexes ; suture très-prononcée, sommet assez aigu, ouverture arrondie, l'angle d'insertion moins marqué que dans les espèces précédentes; péristôme très-évasé et réfléchi. — Couleur brune avec des points rougeâtres disposés en ligne dans le sens de la spire, ils manquent rarement. — Opercule corné clair, très-mince et spiral.

Hauteur , 7 à 8^m. — Diamètre , 3 à 4^m.

Hab.—Les bois des côteaux, sous la mousse, sous les pierres autour des vieilles murailles , aux environs d'Auch, à St.-Christaud, Montégut, aux environs de Lectoure, de Bivés, (M. Rous). R. (1)

DEUXIÈME SOUS-ORDRE.

Pectinibranches. Cuv.

Trachélipodes. Lam.

Chismobranches. Blainv.

Branchifères operculés. Noul.

Anim. — Muni d'un pied pour ramper et de branchies en forme de peigne pour respirer ; elles tapissent le plafond d'une cavité particulière qui s'ouvre sur le cou et donne passage à l'eau qui fournit l'air nécessaire à la respiration de ces mollusques.

Coq. — Complète, spirale et operculée.

SEPTIÈME FAMILLE.

Les Turbinés. Fer.

Anim. — Muni de deux tentacules subulés et con- tractiles ; les yeux à leur base.

Coq. — Spirale , à ouverture arrondie ou ovalaire , péristôme continu ou subcontinu.

Opercule. — Corné ou calcaire.

DIX-SEPTIÈME GENRE.

Paludine.

Paludina. Lam.

---

(1) Ces deux dernières espèces devront , avec plusieurs autres , former un genre différent, tant à cause de l'animal que de l'opercule et de la coquille.

Cyclost. . . . . pars. Drap.

Anim. — Spiral, tête en forme de trompe, deux tentacules subulés, yeux à leur base externe; deux mâchoires sans dents; cavité branchiale à la partie postérieure et supérieure du cou; pied ovale.

Coq. — Dextre, spirale, ovale ou oblongue, obtuse au sommet; ouverture ovalaire ou arrondie, péristôme continu non réfléchi.

Toujours un opercule qui ferme l'ouverture de la coquille.

Tableau analytique des espèces du Genre Paludina.

(Coq. assez grande, 6ᵐ de diamètre au moins.   P. Tentaculata.
(Coq. très-petite, 1ᵐ 1⁄2 de diamètre au plus   P. Ferussina.

1. Paludine impure.
Paludina tentaculata. Flemm.
Cyclostoma impurum. Drap., p. 36, pl. 1, f. 19, 20.
Paludina impura. Lam.
Helix tentaculata. Lin.

Anim. — D'un gris noir assez prononcé, tentacules longs, presque filiformes.

Coq. — Ovalaire, ventrue, spire de 4 à 5 tours très-finement striés, le dernier beaucoup plus grand que les autres; ouverture ovale arrondie, un peu anguleuse supérieurement, péristôme continu. — Couleur d'un brun assez clair; demi-transparente, lorsque la coquille a été dépouillée de la croûte noirâtre dont elle est ordinairement couverte.

Opercule. — Assez épais, à stries concentriques bien marquées, affleurant à l'ouverture de la coquille.

Hauteur, 8 à 14^m. — Diamètre, 6 à 8^m.

Hab. — Les ruisseaux, les rivières, mais se plaît surtout dans les eaux presque dormantes, les étangs, etc. C. C. à Auch, Gimont, Bivés, la plaine de l'Adour, le Lin, Nogaro, etc.

2. Paludine de Férussac.

Paludina Ferussina. CHAR. DES MOUL.

Id.　　Id.　　MICH. Compl. de DRAP., p. 93, pl. 15, f. 56, 57.

Anim. — Gris-noir en dessus, gris blanchâtre en dessous, tentacules grisâtres.

Coq. — Conico-cylindracée, très-obtuse au sommet; spire de 4 à 5 tours convexes, très-finement striés, à suture profonde, le dernier plus grand que les autres; ouverture ovale. — Mince, fragile, diaphane, d'une couleur brun-clair, lorsqu'elle est dépouillée de son encroûtement noirâtre ou verdâtre.

Opercule. — Très-mince, de la même couleur que la coquille, il s'enfonce assez profondément dans l'intérieur.

Hauteur, 3 à 4^m. — Diamètre, 1^m 1⁄2 au plus.

Hab. — Les eaux vives, les fontaines et les ruisseaux qu'elles forment, mais seulement à une très-petite distance de la source; à Bivés, à l'entrée de la grotte; au château d'Esclignac, (M. Rous), aux environs d'Auch, dans trois ou quatre fontaines.

M. MICHAUD dans son complément de DRAP, dit que cette espèce est exactement cylindrique; il est, ce me semble, plus exact de dire conico-cylindrique, même d'après sa figure. Nos échantillons lui ressemblent parfaitement, mais ils sont moins cylindriques que le *Cyclostoma truncatulum* DRAP.

Tous nos échantillons sont un peu moins allongés que ceux du Périgord; je ne crois pas cependant que cette différence suffise pour constituer une nouvelle espèce, tous les autres caractères de la *Paludina ferussina* s'y trouvant réunis.

DIX-HUITIÈME GENRE.   .

Valvée.
Valvata. MULL.
Neritæ pars. MULL.
Cyclost.... pars. DRAP.

Anim.—Spiral, tête en forme de trompe, deux tentacules fort longs, cylindracés, obtus et rapprochés, deux yeux à leur base interne; branchies longues en plumet; pied court, fourchu antérieurement.

Coq.—Dextre, arrondie, discoïde ou conoïde; ouverture arrondie; péristôme simple, continu ou subcontinu; sommet mamelonné.

Opercule. — Corné.

Valvée piscinale.
Valvata piscinalis. LAM.
Cyclostoma obtusum. DRAP., p. 33, pl. 1, f. 14.
Nerita piscinalis. MULL.

Anim.—Grisâtre, transparent, branchies en plumet sur le côté droit du cou.

Coq. —Arrondie, conoïde, très-finement striée; spire de 4 à 5 tours arrondis, le dernier très-grand proportionnellement aux autres; suture très-marquée, ouverture arrondie, légèrement anguleuse au sommet; péristôme continu simple. — Couleur cornée claire ou verdâtre.

Opercule. — De la couleur de la coquille.

Hauteur . 4 à 5^m. — Diamètre, 6 à 8^m.

Hab. — Les eaux stagnantes à Vic-Fezensac, (M. Lussan), à Préchac près de Plaisance. R. R.

HUITIÈME FAMILLE.

Néritacées. Lam.
Hemicyclostomes. Blainv.
Néritacés. Desh.

Anim. —Court, gros, épais, demi-cylindrique, spiral; deux tentacules contractiles; deux yeux subpédonculés à leur base externe.

Coq. — Globuleuse ou conoïde; ouverture à bords continus ou non continus, sans canal ni échancrure.

Opercule. — Calcaire.

Dix-neuvième Genre.

Nérite.
Neritæ pars. Lin.
Neritina. Lam.

Anim. — Globuleux, pied circulaire, court, épais; muscle columellaire partagé en deux, deux tentacules filiformes, oculés à leur base externe, yeux subpédonculés; langue denticulée, une grande branchie pectiniforme.

Coq. — Subglobuleuse, aplatie, operculée, sans ombilic; ouverture semi-lunaire, bord columellaire aplati, tranchant, denté ou denticulé; bord latéral sans dents ou denté; spire peu saillante.

Opercule.— Demi-ovalaire, muni d'une proéminence latérale du côté interne.

Nérite fluviatile.
Nerita fluviatilis. Lin.
Id.   Id.   Drap., p. 31, pl. 1, f. 1 à 4.

Neritina fluviatilis. **Lam.**

Anim. — Gris noirâtre en dessus, gris blanchâtre en dessous, tentacules longs, filiformes et très-flexibles.

Coq. — Dextre, ovalaire, convexe en dessus, aplatie en dessous; spire de 2 à 2 tours 1/2; le dernier très-grand et allongé forme à lui seul la presque totalité de la coquille. Ouverture semi-lunaire; bord columellaire déprimé, lisse et luisant, s'avançant en forme de lame non continue avec le bord externe qui est tranchant. —Couleur terne, verdâtre ou d'un vert jaunâtre linéolé ou tacheté de brun. Ces taches prennent une assez belle couleur rouge, lorsque la coquille a été roulée et exposée aux rayons du soleil; mais j'ai remarqué que ce phénomène est bien plus rare et moins sensible dans les échantillons de nos rivières que dans ceux de la Seine et des autres rivières du nord.

Opercule. —Semi-lunaire, légèrement spiral, stries divergentes du bord interne au bord externe; il est muni intérieurement d'une apophyse assez élevée correspondant au point de départ des stries. — Couleur jaune safrané sale.

Hauteur, 5 à 8^m. — Diamètre, 6 à 10^m.

Hab. — Les ruisseaux, les rivières. C. C. C. Partout dans le Gers, la Baïse, l'Arros, la Save, l'Arrats, etc.

2me. ORDRE.

ACÉPHALES. Cuv.

ACÉPHALÉS. *Lam.*
ACÉPHALOPHORES *Blainv.*

Anim. — Sans bouche apparente, mais muni d'une bouche cachée dans le fond ou entre les replis du manteau. Celui-ci est toujours ployé en deux et renferme le corps; les bords du manteau sont tantôt désunis et tantôt unis, et alors il forme un tube; quelquefois même ce tube est entièrement fermé par un bout et représente un sac. L'appareil respiratoire consiste en de véritables branchies presque toujours formées de grands feuillets couverts de réseaux vasculaires sur ou entre lesquels passe l'eau qui renferme l'air nécessaire à la respiration. Ces animaux sont sans yeux et leur bouche n'est jamais armée de dents ; le pied, lorsqu'il existe, n'est point abdominal comme dans les Gastéropodes.

Coq. — Bivalve dans le plus grand nombre des cas , quelquefois multivalve, rarement nulle.

Nous n'avons à nous occuper dans ce travail que des

ACÉPHALES TESTACÉS. Cuv.

CONCHIFÈRES. *Lam.*
ACÉPHALOPHORES LAMELLIBRANCHES. *Blainv.*

Anim. — Enveloppé d'un manteau à deux lobes , bouche transverse , médiane , cachée dans le fond du manteau entre deux paires d'appendices; deux paires de branchies lamelliformes , semi-circulaires , une de chaque côté du corps; anus postérieur et médian.

Coq. — A deux valves latérales, s'articulant supérieurement par un ligament et une charnière dentée ou sans dents, s'ouvrant inférieurement et contenant l'animal auquel elle adhère par des muscles.

DIMYAIRES.

Deux impressions musculaires sur chaque valve.

PREMIÈRE FAMILLE.

Submytilacés. Blainv.

Anim. — Muni d'un manteau entièrement ouvert inférieurement, avec un orifice particulier pour l'anus, et au-dessous un tube incomplet pour la respiration , garni de papilles mobiles ; pied grand et épais.

Coq. — Régulière , équivalve , inéquilatérale , à charnière variable, avec ou sans dents, ligament extérieur; deux impressions musculaires grandes, réunies par une impression palléale, parallèle au bord de la coquille.

Nous n'avons à traiter ici que des coquilles d'eau douce de cette famille. Elles sont toujours épidermées et nacrées à l'intérieur.

Premier Genre.

Anodonte.

Anodonta. Brug.

Mytili pars. Lin

Anim. — Ovalaire , plus ou moins allongé , épais ; manteau ouvert inférieurement, à bords épais, souvent frangés; branchies longues, inégales sur le même côté; pied grand, épais, comprimé et subquadrangulaire.

Coq. —Ovalaire ou allongée, assez mince, régulière, équivalve, inéquilatérale, peu baillante; charnière sans dents; ligament linéaire, allongé , impressions musculaires écartées, distinctes. mais peu profondes.

Tableau analytique des espèces du Genre ANODONTA.

1 { Coq. ovalaire....... .... A. CYGNEA.
{ Coq. allongée (élargie)............................ 2.

2 { Coq. à bord inférieur à peu près droit... A. ROSSMASSLERIANA.
{ Coq. à bord inférieur bien convexe...... A. CELLENSIS.

1. Anodonte convexe.

Anodonta cellensis. SCHROT.

  Id,   Id. ROSSM., Icon., taf. 19, pl. 280.

Anodonta cygnea. DRAP., p. 134, pl. 11, f. 6, pl. 12, f. 1 ?

   Id. Id. NOUL., Hist. des Moll. etc. p. 75.

Concha magna, ovato oblonga, plus minus ve ventricosa, modo fragilis, modo crassa, sulcata, anterius rotundata, posterius in rostrum obtusatum, mediumque producta, margine superiore et inferiore fere parallelis, superiore rectiusculo, inferiore convexiusculo, ligamento elongato, sinu ligamentali ovato.

Anim. — D'un gris jaunâtre, extrémité postérieure du manteau frangée, noirâtre; pied d'un brun rougeâtre.

Coq. — Grande, ovale-allongée, plus ou moins ventrue, tantôt fragile, tantôt épaisse, sillonnée, arrondie antérieurement, allongée postérieurement en bec obtus et médian; bords supérieur et inférieur presque parallèles, le supérieur à peu près droit, l'inférieur un peu convexe, ligament allongé, sinus du ligament ovale.

Hauteur, 60 à 80ᵐ. — Largeur, 110 à 150ᵐ.
Épaisseur, 40 à 55ᵐ.

Cet Anodonte est-il l'Anodonta cygnea DRAP ? La fig. de cet auteur (pl. 11, f. 6 et pl. 12, f. 1), semblerait l'indiquer; elle est cependant loin d'être aussi exacte que celle de ROSSMASSLER.

Les Anodontes que je décris ici et qui me servent de type ,   m'ont
été envoyés par M. Lacaze, de Monferran, (canton de l'Isle-Jourdain).
Ils abondent dans ses bassins ; ils sont d'une couleur verte ou vert
brunâtre disposée par zones plus ou moins foncées , marquées de
rayons assez peu apparents, quoique distincts, qui partent des sommets
et s'étendent jusqu'au bord inférieur. L'extrémité postérieure, anguleuse , obtuse , est à peu près médiane ; la nacre intérieure est d'un
beau blanc, légèrement irisée et quelquefois rosée vers les sommets ;
les impressions musculaires antérieures sont profondes, les postérieures le sont assez peu. La coquille est souvent très-épaisse , à peu près
autant que celle de l'*Anodonta ponderosa* Rossm.

Var. B. Coq. très-enflée, sinuée inférieurement.

Cette variété que j'ai trouvée parmi les anodontes qui m'ont été envoyés par M. Lacaze , présente un facies tout différent des autres.
J'en ai reçu plusieurs d'entièrement semblables des environs de Ca-
poue. Ils m'ont été adressés par le P. *Giuliano* Giordano , de Naples.
Celui qui m'a été donné par M. Lacaze et qui vit dans ses bassins
n'étant qu'une déformation de l'espèce que nous venons de décrire ,
c'est encore une nouvelle preuve de l'étonnante variabilité des espèces
de ce genre.

2. Anodonte de Rossmassler.
Anodonta Rossmassleriana.
Anodonta anatina. Drap. , p. 133, pl. 12, f. 2.

*Testa ovata vel ovato-oblonga , modo compressa ,
modo subinflata, mediocriter crassa, anteriùs brevis et
rotundata, posterius in rostrum truncatum producta ;
margine inferiore vix arcuato vixque ad marginem
postero-superiorem inflexo, margine superiore ad liga-
mentum rectiusculo, sinu ligamentali subcordato, testa
interius alba, exterius virescente vel virescenti-brun-
nea, inferius subsulcata.*

Coq. — Ovale ou ovale allongée, tantôt comprimée ,
tantôt un peu enflée, arrondie antérieurement, allongée
et tronquée postérieurement ; bord inférieur à peine

arqué et ne se recourbant guères vers le bord postero-
supérieur , celui-ci presque droit dans toute la partie
occupée par le ligament dont le sinus est assez court et
subcordiforme ; nacre intérieure blanche; surface extérieure ridée , mais moins profondément sillonnée que
dans l'espèce précédente ; d'une couleur verdâtre ou
vert brunâtre.

Hauteur, 50 à 60ᵐ. — Largeur, 90 à 140ᵐ.
Épaisseur , 30 à 40ᵐ.

Hab. — Toutes nos petites rivières, la Save, la Gimonne, l'Arrats, le Gers, la Baïse, etc. C. C.

Cette espèce me paraît différente de toutes celles décrites dans les
ouvrages qui me sont connus; quoique la figure de DRAPARNAUD semble se rapporter au jeune-âge de notre *Anodonte*, elle est cependant
un peu moins ovale-allongée que la plupart de nos jeunes individus.
Je me fais un devoir et un honneur de la dédier au savant Auteur de
l'Iconographie , à la généreuse libéralité duquel je dois la plupart
des espèces européennes des genres *Unio* et *Anodonta*.

Elle a des rapports avec l'*Anodonta ponderosa* de PFEIFF., que je
dois à M. ROSSMASSLER, mais elle est moins enflée, à test au moins
deux fois moins épais , moins arquée au bord inférieur et surtout le
bord supérieur est beaucoup moins brusquement incliné vers l'inférieur , aux extrémités antérieure et postérieure ; en outre , l'*Anodonta ponderosa* n'est pas proportionnellement aussi allongé, (c'est-
à-dire élargi en rigueur des termes).

De plus, il est certain que cette espèce n'est pas le véritable *Anodonta anatina* LIN. (mytilus); car j'ai reçu de M. ROSSMASSLER l'*Anodonta anatina* qu'il caractérise ainsi d'après NILSON : *Concha minor
elliptico-ovata, fragilis, anterius rotundata, posterius in rostrum,
breve angulatum producta; superius subcurvata, inferius subretusa;
umbonibus extremitati anteriori approximatis; ligamento prominulo.* Les nôtres à l'état jeune se rapprochent de cette description, mais
à l'état adulte, ils s'en éloignent beaucoup, en ce que le bord inférieur
devient presque entièrement droit et parallèle à la partie du bord
supérieur occupée par le ligament, sans se recourber vers le bord supérieur à la partie postérieure vers le rostre ; aussi je dois finir en
concluant que les *Anodontes* de nos rivières me paraissent (à l'état

jeune), l'*Anodonta anatina* Drap, qui n'a pas connu peut-être l'espèce à l'état adulte; mais qu'ils ne sont pas l'*Anodonta anatina* Lin., et que ce dernier ne doit pas être confondu avec le jeune âge de l'*Anodonta cygnœa*. Ce n'est donc pas sans raison que le premier naturaliste de son époque les avait séparés, et il s'était fondé sur des caractères d'une valeur plus grande que l'état membraneux du bord des valves comme on le lui a reproché dans plusieurs ouvrages. Il me semble que pour avoir des notions exactes sur une espèce, on devrait posséder ou des échantillons authentiques d'un auteur, ou bien au moins, des échantillons venus à peu près des localités où l'auteur avait puisé. Aussi pour les espèces Linnéenes, le sentiment des naturalistes du nord de l'Europe me paraît d'un plus grand poids que celui des auteurs du midi. Voilà sans doute pourquoi Rossmassler en relation avec Nilson, met un point de doute à la synonymie de Drap. pour l'*A. Anatina.*

3. Anodonte cygne.

Anodonta cygnea. Lin. (Mytilus).

Non Drap.

Id.   Id.   Rosm., Icon., f. 67 et 342.

Concha maxima, late ovata, ventricosa, sulcata, margine superiore subhorizontali, anteriore et inferiore rotundatis, posteriore parum producto, obtuse angulato, ligamento valido, prominulo, area parum compressa, obsolete angulata.

Anim. — Grisâtre.

Coq. — Très-grande, largement ovale, ventrue, sillonnée; bord supérieur à peu près horizontal, les bords antérieur et inférieur arrondis; le bord postérieur peu allongé, obtusément anguleux, le ligament fort, subproëminent; région postéro-dorsale un peu comprimée, obtusément anguleuse.

Cette espèce, dont les types indiqués dans les figures citées de Rossmassler, sont faciles à reconnaître, se trouve-t-elle dans nos contrées? Je crois qu'on peut lui rapporter des échantillons que l'on rencontre dans l'Arros

et dans les étangs de l'Armagnac. Elle atteint jusqu'à 7
pouces de diamètre transversal et 4 pouces de hauteur.

En terminant ces descriptions de nos espèces du genre *Anodonte*
toutes douteuses pour moi, je ne puis m'empêcher d'exprimer le vœu
de voir un naturaliste habile, s'occuper à rassembler un nombre très-
considérable d'échantillons de ce genre difficile en mettant à contri-
bution tous les naturalistes de l'Europe; par ce moyen, tous les fleuves,
rivières, ruisseaux, lacs, étangs, marais et bassins seraient connus,
leurs Anodontes bien étudiés et bien comparés tant pour les animaux
que pour leurs coquilles, et l'on pourrait ainsi faire une monographie
Européenne qui fixerait définitivement les caractères de chaque espèce.

Deuxième Genre.

Mulette.
Unio. Retz.
Myœ pars. Lin.

Anim. — Semblable à celui des Anodontes, ordinairement plus robuste.

Coq. — Trigone, quadrangulaire, arrondie, ovale ou
allongée, ordinairement épaisse, régulière, inéquilatérale, communément un peu baillante, sommets obtus et
souvent excoriés; charnière formée d'une dent lamel-
leuse sous le ligament, et d'une dent double comprimée,
dentelée ou crénelée irrégulièrement sur la valve gauche,
simple et crénelée sur la valve droite; ligament extérieur et allongé; impressions musculaires très-marquées,
l'antérieure surtout, et fort écartées, unies par une impression palléale bien apparente.

Toutes les espèces de ce genre qui me sont connues
dans nos contrées, habitent nos eaux courantes, quoique
ailleurs, même en France, on en trouve dans les eaux
dormantes des canaux et des lacs. Je n'ai pas connaissance
que les seules eaux dormantes de notre département,
les étangs de l'Armagnac, en contiennent quelque espèce.

Tableau analytique des espèces du Genre Unio.

1 { Dent cardinale comprimée, allongée et en crête. U. Pictorum.
{ Dent cardinale courte et épaisse, non en crête.............. 2.

2 { Coq. à test très-épais.............................. 3.
{ Coq. à test médiocrement épais....................... 4.

3 { Coq. au moins deux fois plus large que haute.. U. Sinuatus.
{ Coq. pas deux fois plus large que haute...... U. Littoralis.

4 { Coq. peu sinueuse inférieurement, dents de la
{   valve gauche élevées........................U. Margaritifer.
{ Coq. sinueuse inférieurement, dents de la valve
{   gauche presque nulles................U. Moquinianus.

A DENT CARDINALE COMPRIMÉE, ALLONGÉE ET EN CRÊTE.

1. Mulette des peintres.
Unio pictorum. Drap., p. 131, pl. 11, f. 1, 2, 4.
Mya pictorum. Lin ? ? ?

Anim. — Grisâtre, la frange postérieure du manteau d'un gris noirâtre dans les individus adultes de notre variété B.

Coq. — Ovale-allongée, arrondie antérieurement, subanguleuse postérieurement, le bord inférieur souvent un peu sinué, la partie postérieure au moins 3 ou 4 fois plus longue que l'antérieure; dent cardinale plus ou moins lamelliforme, striée, légèrement crénelée, reçue dans la valve gauche entre deux dents dont la supérieure (1) assez courte, l'inférieure plus allongée et plus lamelliforme; dent postérieure lamelliforme très-allongée, reçue entre deux lames dans la valve opposée; ligament assez allongé; impression musculaire antérieure forte, la postérieure moins sensible; impression

____

(1) J'appelle supérieure la plus rapprochée du sommet de la valve.

palléale assez prononcée. — Couleur de l'épiderme passant du vert-clair au brun-noirâtre , quelquefois avec des rayons plus foncés, partant dans les individus d'une couleur claire des sommets vers le bord inférieur. Nacre brillante blanchâtre ou rosée.

Hauteur, 30 à 40^m. — Largeur, 60 à 100^m.
Épaisseur , 18 à 30^m.

La coquille est souvent un peu excoriée aux sommets dans le très-jeune âge ils sont ornés de deux ou trois rangées de tubercules qui rayonnent vers le bord inférieur , et qu'on retrouve encore quoique plus mousses, dans les individus adultes dont les sommets ne sont pas excoriés.

Var. B. à dent cardinale épaisse et moins lamelliforme, quelquefois presque conique. (1)

Var. C. à dent plus épaisse que dans le type, mais courte et moins oblique , la coquille moins allongée et plus obtuse à son extrémité postérieure.

Aucune des espèces de ce genre n'est peut-être aussi difficile à nettement délimiter que celle qui nous occupe. La dent cardinale est mince et lamelliforme dans le type que nous trouvons dans les ruisseaux et les petites rivières, notamment dans l'Auroue où elle atteint des dimensions très-considérables; on la trouve aussi mais moins commune, dans le Gers, l'Arros, etc.; mais la plupart des échantillons de la Baïse et du Gers dont j'ai formé la var. B., ont la dent cardinale épaisse qui se raccourcit de plus en plus selon les individus et devient presque conique très-fortement striée, et comme crénelée au sommet : la coquille dans cette variété est aussi plus enflée , à test plus épais , moins allongée et plus sinueuse inférieurement; dans certains individus elle prend même à la partie postérieure, par son élargissement , quelque chose de la forme si élégante de l'*Unio platyrinchus* Rossm. ;

____

(1) M. Rossmassler croit que cette variété doit former une espèce nouvelle, et que nous n'avons pas dans la France méridionale le véritable *Unio pictorum* Lin. (mya) Rossm. in litt. 5 décembre 1842.

aussi cette variété pourrait-elle peut-être constituer une espèce véritable : au moins tous les échantillons de l'*U. pictorum* qui m'ont été envoyés par M. Rossmassler des diverses parties du nord de l'Allemagne, ont-ils la dent cardinale plus allongée et moins épaisse.

La var. C. venue du Sarrampion, (ruisseau qui coule près de Cologne et va se jeter dans la Gimonne), et qui m'a été apportée par deux de mes élèves, MM. Figadère et Aubegès, est aussi par sa forme plus courte, plus obtuse et même par sa dent cardinale plus oblique comme intermédiaire entre l'*U. pictorum* et l'*U. batavus*

M. Noulet, dans son ouvrage cité plus haut, fait très-judicieusement observer que l'*U. rostrata* Mich., n'est qu'une variété jeune de l'*U. pictorum*. Je tiens cette coquille de M. Michaud lui-même et je n'ai pas su trouver de différence en la comparant aux échantillons jeunes du véritable *U. pictorum* du nord de la France et de l'Allemagne.

2. Mulette de Moquin.

Unio Moquinianus. (Figurée).

Testa ovato-oblonga , tumidula , superius arcuata inferius sinuata, anterius brevis, angusta et rotundata; posterius producta, lata et subrotundo-truncata, area vix depressa, umbonibus subtumidis; ligamento elongato et arcuato; dentibus cardinalibus conicis vel conico-lamellaribus , ut ferè nullis in valva sinistra , striatis; lamellis mediocriter elevatis, in altera valva binis, strictiusculis; exterius nigro-fusca vel fusco-virescente, valde decorticata; interius margaritacea albo-virescente.

Anim. — D'un gris verdâtre , le pied assez grand , épais, d'un jaune d'ocre légèrement safrané.

Coq. — Ovale oblongue, un peu enflée; arquée supérieurement , sinuée inférieurement; courte, étroite et arrondie en avant; allongée , élargie et tronquée-arrondie en arrière; région postero-dorsale à peine comprimée; sommets un peu enflés; ligament allongé, un peu arqué;

dentscardinales coniques ou conico-lamelleuses, presque
nulles sur la valve gauche, striées; les lames postérieures médiocrement élevées, doubles sur la valve gauche,
très-légèrement striées. — Couleur de la coquille d'un
fauve noirâtre ou d'un fauve verdâtre; médiocrement
épaisse et si fortement excoriée que souvent la coquille
n'a pas 1/4 de millimètre d'épaisseur dans le voisinage des
sommets ; Nacre brillante, d'un blanc verdâtre ou rosé.

Hauteur, 25 à 35^m. — Largeur, 50 à 75^m.
Épaisseur, 18 à 25^m.

Hab.—Dans l'Arros, (M. Gauté) ; dans l'Echez à Vic-
de-Bigorre où elle a été découverte par un de mes élèves
M. Joseph Roses.

Cette espèce que j'ai établie non pas sur quelques individus qui
pourraient n'être qu'une déviation de forme de quelque autre espèce,
mais sur au moins trois cents échantillons que j'ai eus à ma disposition,
me paraît nouvelle ; je l'ai fait figurer afin que si elle a été déjà décrite,
mon erreur soit facile à relever. (1).

Je l'ai dédiée à M. Moquin-Tandon, professeur de botanique à la
Faculté, Directeur du Jardin des Plantes et Président de l'Académie
des Sciences de Toulouse, qui s'occupe en ce moment d'un synopsis
des Mollusques d'Europe. Je le prie d'en agréer l'hommage comme
un faible témoignage de ma reconnaissance et une légère marque de
mon attachement.

Afin de bien établir la valeur de cette espèce, il me paraît impor-
tant d'étudier ses rapports et ses différences , d'abord avec les espèces qui vivent dans les mêmes eaux, et ensuite avec les autres qui
ont été trouvées surtout en Europe et qui pourraient l'avoisiner par
leurs caractères.

Elle vit dans la petite rivière de l'Echez avec deux de ses congénè-
res, savoir : l'*Unio margaritatifer* (Retz.) et une variété de l'*U. littoralis* (Drap.)? mais par sa forme extérieure elle diffère de l'une et

---

(1) Je dois les dessins à mon ami M. l'Abbé Goussard, Bibliothé-
caire, Fondateur et Conservateur du Musée déja remarquable de la
ville de Condom. Je le prie d'accepter ici mes bien affectueux remercîments.

de l'autre, comme il est facile de s'en convaincre par la phrase caractéristique et par les figures. Il semblerait dans certains échantillons
y avoir quelque ressemblance de forme avec l'*U. margaritifer var.
minor* de ROSSMASSLER (Icon., fig. 129); mais on l'en distingue facilement, 1º Par sa taille beaucoup plus petite; 2º Par les sommets
beaucoup plus rapprochés de son extrémité antérieure; 3º Par ses
dents cardinales beaucoup moins proéminentes, surtout dans la valve
gauche où elles sont le plus souvent réduites à deux bourrelets à peine
saillants, séparés par une fossette peu sensible; 4º Par ses dents
postérieures lamelliformes, toujours tranchantes et doubles dans la
valve gauche, tandis que dans l'*U margaritifer* jeune ou adulte, on
ne trouve sur cette valve qu'une seule lame toujours plus ou moins
mousse, si toutefois on peut appeler de ce nom une sorte de bourrelet
longitudinal qui remplace la lame dans cette espèce.

J'ai pu examiner avec soin les deux espèces à toutes les périodes de
leur accroissement; dans le très-jeune âge, elles sont encore plus diffé-
rentes de forme que dans l'âge adulte, soit par le bord supérieur, droit
dans l'*Unio margaritifer* et arqué dans l'*U. moquinianus*, soit par
la forme du reste de la coquille, et notamment par la brièveté et l'ar-
rondissement du côté antérieur dans celle-ci. En outre, la couleur est
constamment marrone dans la première et verte ornée de quelques
rayons peu apparents dans la seconde. La surface extérieure toujours
fortement ridée, montre les accroissements successifs de la coquille
dans la jeune *U. moquinianus*; la surface lisse et unie de la jeune *U.
margaritifer* en laisse à peine apercevoir les traces; de plus, celle-ci
est beaucoup plus aplatie que celle-là. Enfin, ni dans le jeune âge
ni dans l'âge adulte, on ne remarque dans l'intérieur de mon *Unio* les
points lacrimyformes que j'ai toujours observés dans les plus jeunes
comme dans les plus vieux individus de France ou d'Allemagne de l'*U.
margaritifer*.

Il est, je crois, inutile d'établir une discussion sur les rapports et les
différences de l'*U. moquinianus* avec la variété de l'*U. littoralis* qui
vit avec elle dans l'Echez; sa forme constamment tétragonale dans le
jeune âge et ses dents cardinales et postérieures, l'en séparent assez
pour qu'il ne soit pas nécessaire de nous en occuper.

Cette espèce présenterait quelques ressemblances de forme avec les
Unio decurvatus ROSSM., Icon. f. 131 et 339. *Reniformis*, Icon., f.
213. *Atrovirens*, Icon., f. 206. *Amnicus*, Icon., f. 212 et quelques
variétés de l'*U. batavus*, que j'ai reçues du célèbre naturaliste alle-
mand; mais dans aucune de ces espèces je n'ai trouvé l'élargissement
(longueur ou hauteur en termes rigoureux) de la partie postérieure,
aussi considérable, en le prenant à partir du ligament, sous les dents

lamelliformes; et en outre, la forme et la direction des dents la séparent de toutes les espèces que nous venons de nommer ; si je n'avais eu à ma disposition que les description et les figures de Rossmassler , peut-être n'eussé-je pas établi aussi facilement les différences entre ses espèces et la mienne; mais les échantillons authentiques de l'auteur sous les yeux, je ne crois pas qu'on puisse la confondre avec les autres.

Elle aurait encore quelques rapports de forme avec l'*U. capigliolo* de Payraudeau, (Catal. des Moll. et Ann. de Corse, p. 66, pl. 2, f. 4). Malheureusement je ne possède pas cette espèce et je ne puis conséquemment les comparer coquille à coquille; mais il me paraît facile d'établir la différence en comparant les descriptions et les figures.

3. Mulette margaritifère.
    Unio margaritifer. Retz. , (non Drap).
    Unio elongata. Mich. , compl. p. 113 , pl. 16 ,
       f. 29.
    Mya margaritifera. Lin.

Anim. — Grisâtre ou gris verdâtre, avec une teinte légèrement rosée (autant que j'ai pu en juger sur des échantillons dont les animaux étaient morts depuis peu de temps).

Coq. — Oblongue , arrondie antérieurement , très-légèrement anguleuse à l'extrémité postérieure ; bord supérieur arqué dans l'âge adulte, parallèle avec l'inférieur dans le jeune âge, celui-ci un peu sinueux; sommets peu proéminents, fortement excoriés; dent cardinale de la valve droite élevée, épaisse, conique, subtrigone, assez fortement striée et crénelée , celles de la valve gauche un peu moins élevées , la supérieure conique , l'inférieure un peu lamelliforme , crénelée ; la dent postérieure à peu près nulle et représentée par un bourrelet peu prononcé, à très-fines crénelures; impressions musculaires assez marquées , l'antérieure surtout qui est profonde ; impression palléale nettement délimitée. Nacre d'un blanc rosé en dedans de l'impression palléale, d'un blanc bleuâtre en dehors; dans les jeunes individus, la couleur rosée est d'un incarnat très-frais. La partie centrale est marquée d'une foule de petites impressions profondes et arrondies dans les adultes, lacrimyformes et moins marquées dans les jeunes; test de la coquille médiocrement épais ; épiderme marron noir dans les adultes et clair dans les jeunes.

Hauteur, 35 à 45ᵐ. — Largeur, 80 à 110ᵐ.
Épaisseur, 25 à 35ᵐ.

Hab. — Dans l'Echez à Vic-de-Bigorre, avec la précédente, elle y est moins commune. Je pense qu'elle se trouve aussi dans l'Adour.

Parmi les 50 ou 60 échantillons qui m'ont été apportés par M. Roses, j'en ai rencontré un qui parfaitement adulte, avait la coquille contournée à peu près aussi fortement que l'*Arca semitorta* Lam., sans que j'aie pu remarquer aucune lésion intérieure ni extérieure.

4. Mulette sinuée.
Unio sinuatus.
Unio sinuata. Lam.
Unio margaritifera. Drap., p. 132, pl. 10. f. 8.
16 , 19.

Anim. — Grisâtre. (Drap).

Coq. — Ovale-oblongue, très-arquée supérieurement, très-fortement sinuée inférieurement, arrondie à l'extrémité antérieure, la postérieure allongée subanguleuse; sommets un peu proéminents ; dents cardinales coniques très-épaisses, fortement crénelées; dent postérieure lamelliforme, élevée, épaisse, striée, reçue dans la valve gauche entre deux lames très-épaisses; impression musculaire antérieure très-prononcée. la postérieure l'est assez peu ; impression palléale très-prononcée antérieurement, presque pas postérieurement ; nacre très-belle, brillante, d'un blanc un peu transparent , quelquefois avec des taches d'un beau blanc mat ; test très-épais , épiderme noir ou noirâtre , à stries d'accroissement très-fortement prononcées.

Hauteur, 65 à 75ᵐ. — Largeur, 120 à 170ᵐ.
Epaisseur , 30 à 40ᵐ.

Hab.—L'Arros, (M. Gauté), l'Adour, (M. Roses). R. R. On la trouve aussi dans la Garonne à Agen. M. Debaux et M. Paul de Reyniès, ont eu la bonté de me les communiquer de cette dernière localité.

Cette espèce se distingue au premier abord de la précédente , par sa coquille beaucoup plus lourde, plus profondément sinuée inférieurement et par les autres caractères indiqués dans la description ; le sinus forme presque un angle rentrant et la coq. est comme étranglée à partir du sommet de l'angle vers les sommets des valves.

5. Mulette littorale.
Unio littoralis. Drap., p. 133, pl. 10, f. 20.

Anim. — Grisâtre ou gris-verdâtre.

Coq. — Ovale, un peu allongée, subtétragone, sub-trigone ou subarrondie , ordinairement un peu sinuée inférieurement ; extrémité antérieure arrondie , assez rapprochée des sommets ; extrémité postérieure suban-guleuse, obtusement tronquée et assez fortement com-primée ; dents cardinales très-épaisses , très-fortement striées et crénelées ; dents postérieures lamelliformes épaisses et un peu rugueuses ; impression musculaire antérieure très-profonde, la postérieure beaucoup moins prononcée ; impression palléale très-marquée ; nacre brillante , blanche ou rosée ; couleur extérieure de l'épiderme d'un marron plus ou moins noir ; stries d'accroissement très-fortement marqués ; test très-épais ; sommets plus ou moins excoriés selon les rivières qu'elle habite.

Si dans cette espèce on voulait avoir la série des variétés que l'on rencontre dans nos rivières, on pourrait l'établir comme il suit :

Type, la figure de DRAP. citée plus haut.

Var. B. subtétragone.

    U. subtetragona. MICH., compl. p. 111, pl. 16, f. 23.

Je tiens l'*U. subtetragona* de MICHAUD lui-même, je l'ai en outre reçu de M. GUESDON, de Nantes ; je n'ai su trouver aucune différence avec les nôtres. Je conclus avec M. NOULET que cette espèce du savant continuateur de DRAP. n'est qu'une var. de l'*U. littoralis* caractérisée par sa forme plus raccourcie, subtétragonale et son bord inférieur très-légèrement sinué.

Var. C. Subtrigone.

    U. Draparnaldii. DESH. Descript. des coq., carac. des terr., p. 38, pl. 14, f. 6. (ex NOUL.)

Var. D. subarrondie.

Var. E. allongée.

Beaucoup plus allongée que toutes les autres variétés et plus fortement sinuée au bord inférieur.

Cette dernière variété qui habite dans l'Echez avec l'*U moquinianus*, est pour l'ordinaire très-fortement excoriée, et les parties ainsi attaquées deviennent aussi minces que dans l'espèce précitée.

Hauteur, 35 à 45^m. — Largeur, 35 à 80^m.
Epaisseur, 20 à 35^m.

Hab. — Toutes nos petites rivières, la Save, la Gimonne, l'Arrats, le Gers, la Baïse, le Boués, etc., pour les quatre premières variétés. La var. **D.** a été trouvée dans l'Echez à Vic-de-Bigorre par **M.** Joseph Roses et dans l'Arros par **M.** Gauté.

Dans le jeune âge, les sommets présentent des lignes tuberculeuses ondulées dans le sens du bord inférieur de la coquille ; elles sont encore apparentes dans les individus adultes dont les sommets n'ont pas été excoriés.

Aucune espèce n'est peut-être aussi variable que celle-ci dans la forme extérieure de ses contours ; mais d'un autre côté, aucune peut-être n'a autant d'invariabilité dans les caractères tirés de ses dents cardinales et latérales

DEUXIÈME FAMILLE.

Conchacées. Blainv.
Cyclades. Cuv.
Conques fluviatiles. Lam.

Anim. — Manteau fermé, muni d'une ouverture assez grande pour le passage d'un pied, et de deux tubes postérieurs plus ou moins allongés, extensibles, réunis ou séparés dans leur longueur, servant, l'inférieur à la respiration et le supérieur aux déjections excrémentielles.

Coq. — Equivalve, rarement baillante ; sommets plus ou moins recourbés en avant ; charnière ordinairement munie de dents ; ligament extérieur ou intérieur ; impressions musculaires distinctes, réunies par une impression palléale plus ou moins excavée postérieurement.

Troisième Genre.

Cyclade.
Cyclas. Brug.
Tellina. Lin.

Anim. — Épais, manteau à bords simples, muni de tubes courts et réunis, pied large, comprimé à sa base et terminé par un appendice extensible.

Coq. — Épidermée, ovalaire ou arrondie, équivalve, inéquilatérale, sommets un peu tournés en avant; charnière dentée ; dents cardinales en nombre et de forme variable ; deux dents latérales allongées lamelliformes, avec une fossète à la base ; ligament extérieur, postérieur et bombé ; deux impressions musculaires réunies par une impression palléale non excavée postérieurement.

Tableau analytique des espèces du Genre Cyclas.

1	Coq. subarrondie..	2.
	Coq. subtétragone ou subtrigone......................	4.
2	Coq. très-aplatie................................	C. Lacustris.
	Coq. enflée..	3.
3	Coq. très-enflée, 4ᵐ de large au plus........	C. Fontinalis.
	Coq. moins enflée, 8ᵐ de large au moins.....	C. Rivalis.
4	Coq. à sommets tuberculés...............	C. Caliculata.
	Coq. sans tubercules aux sommets.....................	5.
5	Coq. très-aplatie................................	C. Lacustris.
	Coq. enflée..	6.
6	Coq. presque aussi épaisse que large........	C. Fontinalis.
	Coq. moins épaisse, subtrigone.............	C. Obliqua.

1. Cyclade riverine.
Cyclas rivalis. Drap. p. 129. pl. 10. f. 4, 5.

Tellina cornea ? Lin.

Var. B. Umbonata. Sommets un peu aigus, coq. plus comprimée.

Anim. — Grisâtre.

Coq. — Subinéquilatérale, globuleuse, arrondie, quelquefois légèrement subtrigone, finement striée ; sommets submédians, plus ou moins obtus ; dents cardinales très-petites, les latérales bien apparentes, élevées et comprimées. — Assez mince, d'une couleur tantôt presque entièrement jaune citron, tantôt cornée uniformément, tantôt cornée-noirâtre et tantôt cornée ou cornée-fauve, avec une ou plusieurs bandes plus claires.

Hauteur, 8 à 12ᵐ. — Largeur, 10 à 15ᵐ.
Épaisseur, 5 à 8ᵐ.

Hab. — Les rivières, les ruisseaux, les fossés, les mares, les étangs dans tout le département. **C. C. C.**

La variété B. est remarquable et très-distincte par ses sommets beaucoup moins obtus et son épaisseur proportionnellement moindre que dans le type ; elle est aussi d'une couleur plus foncée, presque noire. L'élévation des sommets lui donne l'aspect d'une coquille subtrigone. Ce mollusque a été pêché dans le Sarrampion près de Cologne (Gers) par MM. Figadère et Aubegés,

2. Cyclade des fontaines.
Cyclas fontinalis. Drap., p. 130, pl. 10, f. 9 à 13.
Var. B. obtusalis.
C. obtusalis. Lam. ?
Pisidium obtusale. Pfeiff. ?

Anim. — Grisâtre, gris noirâtre ou jaunâtre ; appendice du pied très-allongé, demi-transparent, de même que le reste de l'animal.

Coq.—Globuleuse, très-enflée, arrondie, légèrement subtrigone, striée, sommets un peu obtus, inéquilatéraux et saillants ; dents cardinales et latérales à peine sensibles, même à la loupe. — Très-mince, très-fragile, jaunâtre, blanchâtre ou d'un gris noirâtre.

Hauteur, 2 à 3ᵐ 1/2. — Largeur, 2 à 4ᵐ.
Épaisseur, 2ᵐ 1/2 à 3ᵐ.

Hab.—Au bois d'Auch, dans un petit étang ; la var. B. dans un fossé près de Pavie, au Lin dans une mare. R. R.

Notre variété diffère du type de l'espèce de Drap., par ses sommets obtus et son épaisseur proportionnellement plus considérable, elle est épaisse même dans son jeune âge, tandis qu'alors toutes les autres espèces de nos contrées sont aplaties.

3. Cyclade des lacs.
Cyclas lacustris. Drap. p. 130, pl. 10, f. 6, 7.

Anim. — D'un gris blanchâtre, transparent.
Var. B. subrotundata.

Coq.—Subrhomboïdale arrondie, subinéquilatérale, très-aplatie, très-finement striée ; stries à peine sensibles ; dents peu apparentes, quoique les latérales soient plus prononcées que dans l'espèce précédente ; bord supérieur un peu droit, subarrondi de même que les bords antérieur et postérieur, l'inférieur très-aigu lorsque les valves sont fermées. — Mince, fragile, d'une couleur cornée-claire, uniforme.

Hauteur, 6 à 7ᵐ. — Largeur, 8 à 10ᵐ.
Épaisseur, 3 à 4ᵐ.

Hab. — Au Lin, dans les fossés et dans une mare.
R. R. R.

Dans le petit nombre d'échantillons que j'ai rencontrés , les bords antérieur et postérieur étaient toujours moins droits que dans la fig. de Drap. , et par conséquent la coquille était plus arrondie. J'en ai formé la var. *Subrotundata.*

4. Cyclade caliculée.
Cyclas caliculata. Drap.; p. 130, pl. 10, f. 14, 15.
Var. B. major.

Anim. — D'un blanc transparent , noirâtre vers les sommets; les deux tubes postérieurs assez gros et dépassant un peu les bords de la coquille.

Coq. — Subquadrigone , subinéquilatérale , légèrement comprimée, très-finement striée ; le bord supérieur assez droit de même que l'antérieur et le postérieur , bord inférieur aigu (la coquille fermée); sommets proéminents, terminés par un tubercule creux intérieurement ; dents cardinales et latérales peu sensibles. — Très-mince, très-fragile, blanchâtre ou cornée clair.

Hauteur , 6 à 8ᵐ. — Largeur , 8 à 10ᵐ.
Épaisseur , 4 à 6ᵐ.

Hab. — Les petites rivières , le Gers , la Gimonne , etc., les fossés, les mares, à Auch, Plaisance, Riscle, le Lin , etc. C.

Nous avons trouvé avec M. Rous , dans un fossé des environs de Plaisance, quelques échantillons de *Cyclade* que je crois devoir rapporter à cette espèce et dont j'ai formé la var. B.; seulement le tubercule est moins prononcé et la taille à peu près double.

5. Cyclade oblique.
Cyclas obliqua. *Lam.*
Cyclas palustris. Drap. , p. 131, pl. 10, f. 17, 18.
Tellina. amnica. *Mull.* ?

Anim. — D'un blanc grisâtre, subdiaphane.

Coq. — Subtrigone, inéquilatérale, globuleuse, un peu comprimée, striée ; la forme de chaque valve représente assez inexactement un triangle dont tous les côtés sont inégaux ; le bord inférieur est assez arqué et un peu obtus les valves étant rapprochées ; dents un peu plus prononcées que dans les trois espèces précédentes, surtout les latérales. — Couleur grisâtre, cendrée ou cornée, souvent avec une bande jaunâtre vers le bord inférieur.

Hauteur, 4 à 6^m. — Largeur, 5 à 8^m.
Épaisseur , 2 à 3^m.

Hab. — Dans nos rivières , le Gers , la Gimonne, l'Arrats, etc., et les fossés, les fontaines , les bassins , à Auch, Gimont, Aubiet , Bivés , etc. C.

ÉNUMÉRATION

DES

COQUILLES TERRESTRES ET FLUVIATILES

FOSSILES

DU DÉPARTEMENT DU GERS.

PREMIER GENRE.

HÉLICE.
HELIX. Drap.

1. Hélice variable.
   Helix variabilis. *Drap.*

Hab. — Fossile dans le calcaire compacte à Lectoure, dans les rochers sur lesquels la ville est bâtie et dans les carrières des environs. Dans certaines de ces carrières, le roc semble pétri de ces Hélices, et ce qu'il y a de remarquable, c'est que dans ce cas on la trouve presque seule, sans mélange d'autres espèces.

2. Hélice rhodostome.
   Helix pisana. *Mull.*

Hab. — Fossile des rochers de Cardés à Lectoure. Il m'a été fort difficile d'établir l'identité des fossiles avec les vivants de cette espèce, certains de nos échantillons paraissent s'y rapporter plutôt qu'à l'H. variabilis. R.

3. HÉLICE NEMORALE.

HELIX NEMORALIS ET HORTENSIS. *Drap.*

Hab. — Fossile dans presque tous nos terrains lacustres du N. E. du département, à Sansan, (M. Edouard LARTET) ; a Touget, (M. SERAIN) ; à Mirande, (M. DUFILHO) ; à Idrac, (M. VERDIER) ; à Durand, (M. SENTETS) ; etc. C. C. C.

Cette espèce comme la plupart des autres que l'on trouve à l'état fossile dans le département, n'offrent d'ordinaire que le moule de la coquille. Un échantillon conservé par les soins de M. E^d. LARTET, présente encore non seulement le test, mais même en partie sa couleur. Il a été trouvé à Sansan, dans un nid de terre marneuse enfermé dans le calcaire de cette localité si riche en ossements fossiles.

Certains échantillons recueillis par M. DUFILHO aux environs de Mirande , semblent se rapporter par leur très-petite taille , aux jolies petites variétés recueillies par M. BOUILLET, dans les montagnes d'Auvergne.

4. HÉLICE VERMICULÉE.

HELIX VERMICULATA. MULL.

Hab. — Fossile des environs de Saramon (M. LAR-

Dos) , et de Castelnau-Magnoac , dans les carrières de calcaire compacte.

La variété que nous trouvons à l'état fossile est moins déprimée avec l'ouverture moins élargie que dans les individus de la même espèce qui vivent si abondamment dans tout le midi de la France. Elle se rapproche beaucoup par sa forme plus globuleuse d'une variété qui vient, je crois, des Iles Baléares, et celle-ci paraît avoir des rapports avec l'*Helix cirtæ* de TERVER. Moll. d'Alger, p. 11 , pl. 1. f. 1.

La taille de cette coquille est très-variable à l'état fossile comme à l'état vivant.

Hauteur, 20 à 30^m. — Diamètre, 25 à 40^m.

Je ne sais si l'on peut rapporter à cette espèce une coquille dont malheureusement la bouche n'a pas été conservée, et qui atteint la taille de l'*Helix algira*. Je n'en ai vu qu'un seul échantillon trouvé dans une carrière des environs d'Auch.

5. HÉLICE BIMARGINÉE.
HELIX CARTHUSIANA. *Mull.*

Hab. — Fossile des environs d'Auch , à la Boubée. (M. FIGADÉRE.)

6. HÉLICE HISPIDE.
HELIX HISPIDA. *Drap.*

Hab. — Fossile de Sansan où elle a été trouvée par M. E^d. LARTET, dans le calcaire à ossements fossiles. R.

7. Hélice des oliviers.
    Helix olivetorum. *Mull.*

Hab. — Fossile des rochers de Cardés à Lectoure.
Je ne suis pas sûr que le moule de l'Hélice dont il s'agit
appartienne à cette espèce, il me semble cependant s'y
rapporter assez bien. R. R. R.

9. Hélice Peson.
    Helix algira. *Linn.*
    Id.   Id.   *Drap.*, p. 115, pl. 7, f. 38 à 4 .

Coq. — Subdéprimée, un peu convexe en dessus,
très-fortement carénée dans le jeune âge, à peine subca-
rénée lorsqu'elle est adulte ; spire de 6 à 7 tours assez
convexes, striés et croissant progressivement ; ombilic
très-ouvert, laissant apercevoir tous les tours de spire ;
l'épiderme est verdâtre ou vert jaunâtre. — Demi-transparente quoique solide, d'une couleur blanche sous
l'épiderme.

Hauteur, 20 à 25ᵐ. — Diamètre, 35 à 45.

Hab. — A l'état vivant, la France méridionale, le
Languedoc et la Provence.

Hab. — Fossile, quoique assez rarement, aux environs d'Auch, à Durand, la Boubée. R. On n'en
trouve que le moule intérieur, qui par conséquent
n'est jamais strié, puisque l'intérieur de cette espèce
comme de toutes les autres *Hélices* est toujours lisse et
brillant.

8. HÉLICE MIGNONNE.

HELIX PULCHELLA. *Drap.*

Hab. — Fossile de Sansan où elle se trouve avec son test dans les nids de marne. R. (M. Ed. LARTET).

DEUXIÈME GENRE.

BULIME.

BULIMUS. DRAP.

Doit-on rapporter à ce genre une coquille fossile sénestre que l'on trouve dans le calcaire de Sansan, des environs de Saramon et de Lectoure ? je suis assez porté à le croire, quoique M. LARTET m'ait dit que M. DEHAYES avait pris cette coquille pour une *Clausilie* dont l'analogue vit encore dans l'intérieur de l'Amérique méridionale, son *facies* me paraît différent de celui des Clausilies même exotiques. Je n'ai jamais pu l'avoir encore avec l'ouverture entière ; je vais donner une courte description qui la fera aisément reconnaître de ceux qui auront occasion de l'observer.

Coq. — Sénestre, conique allongée ; de 11 à 14 tours de spire croissant insensiblement, assez aplatis, légèrement striés, comme on le voit dans quelques fragmens d'échantillon où le test a été changé en calcaire spathique ; sommet un peu obtus ; ouverture ? ? ?...... dentée d'après M. LARTET.

Hauteur, 40 à 55^m. — Diamètre, 12 à 18^m.

Hab. — Fossile de Sansan, (M. E^d. Lartet); des environs de Saramon, (M. Lardos); environs de Lectoure, dans le calcaire marneux et compacte. R.

TROISIÈME GENRE.

MAILLOT.
PUPA. Drap.

1. Maillot des Mousses.
Pupa muscorum. *Drap.*

Hab. — Fossile de Sansan dans la terre marneuse, (M. E^d. Lartet).

2. Maillot pygmée.
Pupa pygmoea. *Drap.*

Hab. — Fossile dans la terre marneuse de Sansan , (M. E^d. Lartet).

QUATRIÈME GENRE.

CARICHIE.
CARICHIUM. Mull.

Carychie pygmée.
Carychium minimum. *Mull.*

Hab. — Fossile de Sansan. (M. E^d. Lartet).

CINQUIÈME GENRE.

PLANORBE.
PLANORBIS. Mull.

1. Planorbe entortillé.
Planorbis contortus. *Mull.*
    Id.   Id.   *Drap.*, p. 42, pl. 1, f.
39 à 41.
Helix contorta. *Linn.*

Coq. — Non carénée, fortement ombiliquée en dessus, ombilic très-évasé ; presque plane en dessous, si finement striée qu'elle paraît lisse ; spire de 6 à 8 tours si serrés les uns sur les autres qu'ils semblent se recouvrir mutuellement ; ouverture petite et semi-lunaire ; péristôme simple. — Mince et d'un brun assez clair.

Hauteur, 1 à 2^m. — Diamètre, 4 à 6^m.

Hab. — On le trouve vivant quoique rare à Toulouse dans le canal du Midi (M. Moquin-Tandon) ; dans les bassins de S^t.-Marcel près d'Agen (M. de Reyniez). Cette espèce abonde dans le nord de la France, (C. C. aux environs de Beauvais), elle est assez rare dans le midi.
Hab. — Fossile à Sansan (M. E^d. Lartet). R.

2. Planorbe corné.
Planorbis corneus. *Drap.*

Hab. — Fossile de Sansan, des environs d'Auch, Duran, Marsolan près de Lectoure.

3 . PLANORBE LEUCOSTOME.

PLANORBIS LEUCOSTOMA. *Mill.*

Hab. — Fossile dans le calcaire marneux et compacte de Sansan. (M· E^d. LARTET).

4 . PLANORBE.

PLANORBIS VORTEX. *Drap.*, p. 44, pl. 2, f. 4 à 7.

Var. A. carène aiguë.

Var. B. carène mousse.

Coq. — Légèrement striée , ombiliquée des deux côtés, plane en dessus, un peu concave en dessous ; spire de 6 à 7 tours carénés ; carène submédiane et un peu supérieure ; les tours de spire augmentant insensiblement, le dernier n'est pas beaucoup plus gros que les autres ; ouverture ovale, plus ou moins anguleuse ; bord inférieur plus avancé que le supérieur. — Un peu transparente, couleur d'un brun clair.

Hauteur, 1 à 2^m — Diamètre, 6 à 10^m

Hab. — A l'état vivant on trouve cette espèce aux environs de Montpellier.

Hab. — Fossile dans le calcaire et la terre marneuse de Sansan. On y trouve en particulier la var. A. à carène fort aiguë.

5 . Planorbe brillant.

Planorbis nitidus. *Mull.*

Var. A. Pl. *Nitidus.* Drap.

Hab. — Fossile dans le calcaire et les nids de marne à Sansan. (M. E^d Lartet).

Nous n'avons jusqu'ici trouvé à l'état fossile que notre var. A., tandis qu'à l'état vivant, nous n'avons rencontré jusqu'à présent dans le département que notre var. B.

SIXIÈME GENRE.

1 . Lymnée voyageuse.

Lymnea peregra. *Lam.*

Hab. — Fossile dans la terre marneuse de Sansan. (M. E^d. Lartet).

2 . Lymnée des étangs.

Lymnea stagnalis. *Lam.*

Hab. — Fossile des environs d'Auch, Sansan, Lectoure, etc. , dans le calcaire marneux et surtout dans le calcaire compacte.

3 . Lymnée petite.

Lymnea minuta. *Lam.*

Hab. — Fossile de Sansan (M. E^d. Lartet) , dans le calcaire et la terre marneuse ; de Solomiac dans le calcaire compacte, (M. l'abbé Dubor).

SEPTIÈME GENRE.

CYCLOSTOME ÉLÉGANT.

CYCLOSTOMA ELEGANS. *Drap.*

Hab. — Fossile de Touget, (MM. SERAIN ET LACAZE);
des environs de Lectoure, de S^t.-Lary.

HUITIÈME GENRE.

PALUDINE IMPURE.

PALUDINA IMPURA. *Lam.*

Hab. — Fossile dans le calcaire compacte de Touget.

NEUVIEME GENRE.

MULETTE DES PEINTRES. ? ?

UNIO PICTORUM. *Drap.* ? ?

Var. *Lacaziana.*

Hab. — Fossile de S^t.-George près de Cologne où
elle a été recueillie par M. LACAZE sur la propriété de
M. DE PUYMINET. On la trouve toujours servant de
noyau à des sortes de géodes terreuses durcies même
au point de former une masse compacte pierreuse, où
l'on voit très-distinctement l'empreinte de la coquille.
Quelquefois on trouve aussi des moules intérieurs en
assez bon état. Parmi tous les individus que j'ai pu

examiner, je n'en ai pas trouvé un seul dont le test eût été conservé.

Cette variété est, en général, un peu plus courte et plus obtuse que la plupart des échantillons de nos rivières, et peut-être devra-t-elle former une espèce particulière intermédiaire entre l'*Unio littoralis* et l'*Unio pictorum* DRAP., à laquelle elle ressemble beaucoup par sa forme, tandis que, par ses dents encore plus épaisses que dans notre var. B. de l'*U. pictorum*, elle se rapproche de l'*U. littoralis*. Des empreintes en cire que je viens de recevoir de M. LACAZE, me font modifier ma première opinion sur ce fossile que j'avais cru identique avec les *unio* qui vivent actuellement dans le Sarrampion, ruisseau qui coule tout près du gissement de ces géodes. Je me fais un plaisir de la dédier au zélé collecteur auquel je dois la première connaissance de ce fossile intéressant.

On trouve encore dans le département plusieurs autres espèces fossiles dont je n'ai rien dit, ou bien parce que les échantillons qui me sont parvenus ne sont pas en assez bon état de conservation pour être reconnaissables; ou bien, parce que je n'ai pu arriver à la détermination de ces espèces avec les ouvrages et les collections dont j'ai pu disposer pour mon travail. Ainsi, le calcaire de Touget et de Lectoure est plein d'une espèce de planorbe au moins aussi grand que le *Planorbis corneus*, mais beaucoup plus aplati, quoique sans carène, et qui me paraît ne pas être le *Planorbis rotundatus* Brongn. Je l'ai vu désigné dans une collection sous le nom de *Planorbis ammonitiformis*.

Dans les dépôts de sables ou plutôt de graviers passés souvent à l'état de tuf (1) (grès) des environs de Pessan, on trouve les débris d'une bivalve d'eau douce d'assez grande taille, dont la partie postérieure côtellée rappelle la forme de certaines *unio* de l'Amérique septentrionale. Mais je n'ai jamais pu avoir des fragments dans lesquels la charnière fût conservée, et par suite je ne puis même pas savoir si ces restes appartiennent au genre *Unio*, ou bien au genre *Anodonta*. (2)

A St-George, parmi les *unio* dont nous avons parlé plus haut, on rencontre en abondance une très-belle *Mélanie* côtellée-tuberculée, que l'on retrouve au Castera-les-Bains. Tantôt on la rencontre (et c'est le plus ordinaire) servant de noyau à des géodes terreuses semblables à celles dont nous avons parlé pour l'*Unio pict.*, var. *Lacaziana*, tantôt empâtée dans les graviers d'eau douce semblables à ceux de Pessan. Je n'ai pu l'avoir encore avec les bords de l'ouverture bien conservés.

---

(1) Nom vulgaire que l'on donne dans le pays à cette sorte de roche.

(2) Je dois cette espèce à l'obligeance de M. de Roquemorel. Je le prie d'accepter mes sincères remercîments.

Parmi les coquilles fossiles de Sansan, que M. Ed. Lartet a bien voulu me communiquer, se trouve une belle espèce du genre *Pupa*. Il est gros et court, mais l'ouverture brisée m'a mis dans l'impossibilité de lui assigner une place.

Encore une fois, j'appelle l'attention de tous ceux qui font collection de fossiles sur les restes des mollusques terrestres et fluviatiles qui vivaient dans nos contrées à une époque bien reculée, ou qui y ont été entraînées lors des révolutions géologiques dont elles ont été le théâtre.

DICTIONNAIRE

DES TERMES TECHNIQUES

EMPLOYÉS DANS CET ESSAI.

A

Acéphale. Sans tête. On donne ce nom à tous les mollusques qui n'ont pas de tête ; leur coq. est toujours bivalve, Ex. les *Mulettes*, les *Anodontes*, etc.

B

Baillante. Coq. bivalve dont les bords inférieur, antérieur ou postérieur laissent entre leurs valves, lorsqu'elles sont le plus rapprochées, un écartement sensible. Ex. la *Mulette des peintres*.

Bilobé. A deux lobes. (Voyez ce mot).

Bivalve. Coq. composée de deux valves. Ex. une *Mulette* (vulgairement Moule de rivière).

Bord. Dans une coquille univalve on donne ce nom à la lisière qui forme le contour de l'ouverture.

Dans une coquille bivalve c'est la lisière qui dessine les contours de chaque valve.

Bouche. Ouverture par laquelle un animal introduit les aliments dans son estomac.

Les anciens conchyliologistes ont souvent donné le nom de bouche à l'ouverture d'une coquille univalve.

Bourrelet. Rebord linéaire et transversal plus ou moins saillant à l'intérieur ou à l'extérieur du péristôme d'une coquille univalve. Ex. le *Maillot des mousses*, l'*Hélice bimarginée*.

Branchies. Organes de la respiration des *Gastéropodes* non pulmonés. Ex. la *Paludine impure*, et des *Acéphales*. Ex. une *Mulette*.

(Voir, pour leurs formes et leur usage, l'INTRODUCTION, pag. XIX.)

C

Cardinales (DENTS). On donne ce nom, dans les coquilles bivalves, aux dents placées sous le sommet des valves. Ex. les *Mulettes*.

Carène. Ligne anguleuse ou arête saillante, 1° sur la convexité des tours ou seulement du dernier tour d'une coquille univalve. Ex. l'*Hélice lampe*. 2° Sur le dos de quelques limaces. Ex. la *Limace agreste*.

Caréné. Muni d'une carène. Ex. l'*Hélice élégante* et la *Limace jayet*.

Charnière. Dans une coquille bibalve on donne ce nom à la partie supérieure des valves par laquelle elles sont unies entre elles.

La charnière peut être dentée, ex. les *Mulettes ;* ou sans dents, ex. les *Anodontes*. Elle est toujours munie d'un ligament qui unit les deux valves.

Collier. Repli du manteau entourant à sa naissance le cou des mollusques Gastéropodes. Ex. l'*Hélice chagrinée*.

Columelle. Axe ou ligne réelle ou fictive autour de laquelle sont enroulés ou supposés enroulés les tours de spire d'une coquille univalve.

Columellaire. Qui tient à la columelle..... On appelle *bord columellaire* le bord intérieur d'une coquille uni-valve. *Dents columellaires*, les dents qui sont placées dans le voisinage de la columelle, par ex. dans la plupart-des *Maillots*.

Conique. En forme de cône.

Continu. Non interrompu. Se dit du péristôme dont les bords ne sont pas désunis. Ex. le *Cyclostôme élégant*.

Contractiles. Se dit des tentacules que l'animal peut raccourcir sans les faire rentrer dans l'intérieur du corps. Ex. les *Lymnées*.

Coquille. Corps calcaire exsudé par le manteau des mollusques testacés, et qui recouvre leur corps en tout ou en partie.

Corps. Se dit de l'animal mollusque, recouvert ou non par une coquille. —— Certains naturalistes ont appelé *corps*, dans les mollusques *Gastéropodes*, toute la partie de l'animal distincte du pied et de la tête ; et dans les mollusques *Acéphales*, toute la partie distincte du manteau.

Cuirasse. On donne ce nom dans les *Limaces* et les *Arions*, à une expansion de la peau sous laquelle la partie antérieure de leur corps peut se retirer et se mettre à couvert.

D

Dents. Dans l'animal d'un grand nombre de *Gastéro-podes*, on donne ce nom à une pièce cornée placée sous la lèvre supérieure.

Dans une coquille univalve on donne ce nom à des éminences tantôt coniques et tantôt linéaires qui se trou-vent dans l'intérieur-de l'ouverture de la coquille.

Dans une coq. bivalve on appelle *dents*, des éminences coniques ou lamelliformes situées près du bord supérieur des deux valves de la coq., qui s'enchassent les unes dans les autres. — On appelle antérieures celles qui sont rapprochées de la partie antérieure, et postérieures celles qui se rapprochent de la partie postérieure de la coq.

Dextre. Se dit d'une coquille univalve dont l'ouverture est à la droite de l'observateur, l'animal étant supposé marcher devant lui. Une coq. n'est *dextre* que parce que l'animal lui-même l'est aussi. (Ex. toutes les *Hélices* de nos contrées).

Diamètre. Mesure transversale de la partie la plus renflée d'une coquille. C'est d'ordinaire la dimension du dernier tour. Ex. les *Hélices*. Dans les *Ancyles*, on donne le grand diamètre qui est le diamètre longitudinal, et le petit diamètre qui est le diamètre transversal.

Discoïde. Aplati. Se dit d'une coquille dont les tours de spire sont enroulés sur un même plan horizontal. Ex. les *Planorbes*.

Disque. Corps plat, arrondi, ovalaire ou elliptique.

Dorsal. Relatif au dos de l'animal ou de sa coquille.

Dos. Se dit de la partie supérieure du corps d'un mollusque. On emploie aussi quelquefois ce terme pour indiquer la partie convexe du dernier tour de spire opposée à l'ouverture d'une coquille univalve.

E

Épaisseur. Distance, dans les coquilles bivalves, entre les points les plus renflés des deux valves. Ex. les *Anodontes*.

Épiderme. Pellicule très-mince qui recouvre la partie extérieure de certaines coquilles univalves ou bivalves. Ex. les *Hélices*, les *Mulettes*.

Épidermé. Muni d'un épiderme.

Épiphragme. Cloison membraneuse plus ou moins solide dont certains mollusques Gastéropodes inoperculés ferment l'ouverture de leur coquille durant une certaine partie de l'année (l'hiver seulement pour la plupart des espèces). Ex. les *Hélices*.

Équilatérale. Se dit d'une coquille bivalve dont les sommets sont à égale distance des deux extrémités antérieure et postérieure.

Équivalve. Se dit d'une coquille bivalve dont les deux valves sont égales et semblables. Ex. les *Mulettes*.

Évasé. Élargi en entonnoir, réfléchi en dehors. Se dit de l'ombilic et du péristôme.

F

Fasciée. Se dit d'une coquille ou d'un mollusque dont la surface extérieure offre des bandes continues ou interrompues d'une couleur différente du fond. Ex. l'*Hélice némorale* (dans un grand nombre de variétés).

Fente ombilicale. Ombilic très-peu évasé. Ex. le *Maillot des mousses*.

G

Ganglion. On donne ce nom à de petites masses de substance nerveuse réunies par des filets de nerfs.

Ganglionnaire. Qui a rapport aux ganglions.

Gastéropodes. Mollusques rampant sur un disque charnu placé sous le ventre. Ex. les *Hélices*.

H

Hauteur. Dans une coq. univalve on donne ce nom à la ligne qui mesure la distance de la base au sommet de la spire.

Dans une coq. bivalve, c'est la ligne qui mesure la plus grande distance entre le bord supérieur et le bord inférieur.

I

Imperforée. Se dit d'une coquille univalve sans ombilic ni fente ombilicale.

Impression. Se dit dans les coquilles bivalves principalement, 1º de la trace laissée sur chaque valve aux points d'attache des muscles de l'animal, et ces impressions sont appelées *impressions musculaires ;* 2º de la trace laissée par les bords du manteau de l'animal, et celle-ci est appelée *impression palléale.*

Inéquilatérale. Se dit d'une coquille bivalve dont les sommets sont plus rapprochés d'une extrémité que de l'autre. Ex. les *Anodontes.*

Inéquivalve. Coq. dont les deux valves sont inégales.

Inoperculé. Sans *opercule.* (Voyez ce mot). Ex. les *Hélices.*

L

Largeur. Se dit dans une coq. bivalve de la distance

entre l'extrémité antérieure et l'extrémité postérieure des valves. Ex. les *Mulettes*.

Ligament. Amas de substance solide, élastique et d'apparence cornée, qui réunit solidement, par la partie postero-dorsale, les deux valves d'une coq. bivalve, et permet à l'animal, par son élasticité, de les ouvrir ou fermer à volonté. Ex. les ligaments des *Anodontes.*—Le ligament peut être extérieur ou intérieur.

Limacelle. On donne ce nom à la coquille rudimentaire que l'on trouve dans l'épaisseur de la cuirasse des limaces.

Linéaire. A peu près d'égale largeur dans toute sa longueur comme, par ex., un ruban.

Linéolé. Garni de petites lignes.

Lobe. Portion arrondie et saillante d'un organe. Ex. le lobe du manteau des *Vitrines* qui recouvre le sommet de la spire.

Longueur. Même signification que Hauteur. (Voyez ce mot).

M

Manteau. Dans un mollusque *Gastéropode,* on donne ce nom à une expansion de la peau qui entoure et enveloppe au besoin la partie supérieure du corps de ces animaux. Dans un mollusque *Acéphale,* on donne ce nom à une expansion de la peau qui enveloppe le corps tout entier de l'animal, et qui est en contact immédiat avec les valves qu'il forme.

Marge. Même signification que Bord. (Voyez ce mot).

Mollusques. Animaux mollasses sans vertèbres, inarticulés et non rayonnés. Ex. tous les animaux qui sont l'objet de cet *Essai*.

Muffle. Museau proëminent, charnu et mobile.

Muscles. Ce que l'on appelle communément la chair dans les animaux.

Musculaire. Qui a rapport aux muscles.

O

Obtus. Qui n'est pas aigu. Ex. le sommet de la plupart des *Clausilies*.

Ombilic. Se dit d'une ouverture en entonnoir plus ou moins évasée que l'on trouve souvent dans les coquilles univalves, et autour de laquelle sont roulés les tours de spire.

Ombiliquée. Se dit d'une coquille univalve munie d'un ombilic. Ex. l'*Hélice des bruyères*.

Opercule. Pièce calcaire ou cornée portée à la partie postérieure et supérieure du pied de quelques *Gastéropodes*, destinée à fermer, dans certains genres, l'ouverture de la coquille univalve. Ex. les *Cyclostomes*.

Operculé. Muni d'un opercule.

Ouverture. Se dit dans les coquilles univalves, de la partie ouverte de la coquille qui sert à laisser sortir ou à recevoir, lorsqu'elles rentrent, les parties exsertiles du corps de l'animal.

Ovalaire. A peu près ovale.

P

Palléale. Qui a rapport au manteau. (Voy. IMPRESSION).

Perforée. Se dit d'une coq. univalve dont l'ombilic est très-étroit et peu évasé.

Péristôme. Bord de l'ouverture d'une coq. univalve.

Pied. Organe de la locomotion.

Dans les mollusques *Gastéropodes* on donne ce nom à un disque charnu au moyen duquel ils rampent.

Dans les mollusques *Acéphales*, c'est un appendice linguiforme ou allongé au moyen duquel ils marchent. (Pour plus de détails, voir l'INTRODUCTION, pag. xx et suiv.)

Poils. Productions de l'épiderme allongées, droites ou crochues qui ressemblent assez à de véritables poils. Ex. l'*Hélice hispide*.

Ponctué. Muni de points.

R

Réfléchi. Replié en dehors. Se dit principalement du péristôme. Ex. l'*Hélice chagrinée*.

Retractiles. Se dit des tentacules que l'animal fait rentrer à volonté entièrement dans l'intérieur du cou, l'extrémité la première, à peu près comme l'on fait rentrer un doigt de gand. Ex. les *Hélices*.

Rudimentaire. Peu formé. Ex. la coquille des *Testacelles*.

S

Scalaire. Se dit d'une coquille univalve allongée, et dont les tours de spire sont entièrement séparés les uns des autres, ou tout au moins par une suture profonde C'est toujours un état de monstruosité dans les coq. de nos *Gastéropodes*.

Sénestre. Dirigé à gauche. C'est le contraire de DEXTRE. (Voyez ce mot).

Sommet. Extrémité supérieure d'une coquille univalve. Les sommets sont dans une coq. bivalve la partie la plus saillante de chaque valve près du bord supérieur. Ils sont formés par les premiers développements de la coq.

Spiral. Contourné en spirale ou tire-bouchon.

Spire. Dans une coq. univalve on donne ce nom à l'ensemble des tours qui sont roulés en tire-bouchon du sommet à la base de la coquille. Ex. les *Bulimes*.

Stries. On appelle ainsi de petits sillons parallèles les uns aux autres sur la surface extérieure des coquilles ou des animaux. Ex. le *Cyclostome élégant*.

Strié. Muni de stries.

Sub..... Cette expression, unie à un adjectif qu'elle précède, signifie *à peu près*. Ainsi, *subarrondi*, à peu près arrondi ; *subtrigone*, à peu près trigone ; *subquadrangulaire,* à peu près quadrangulaire, etc. etc. etc.

Suture. Ligne plus ou moins enfoncée qui sépare les tours de spire. Aussi la suture est-elle profonde ou superficielle.

T

Tentacules. Appendices au nombre de 4 ou de 2 rétractiles ou contractiles, placés à la partie antéro-supérieure de la tête des mollusques *Gastéropodes*. Ex. les *Hélices* qui ont quatre tentacules, les *Lymnées* qui n'en ont que deux.

Tentaculé. Muni de tentacules.

Tétragone. A quatre côtés.

Trigone. A trois côtés.

Troncature. Échancrure à la base de la columelle de certaines coquilles. Ex. les *Agathines*..

U

Univalve. Coquille à une seule valve. Ex. les *Hélices*.

V

Valve. Pièce calcaire dont une coquille est composée. (Pour plus de détails, voyez l'INTRODUCTION, pages XVI et XVII.)

TABLE ALPHABÉTIQUE

DES

NOMS FRANÇAIS,

DES GENRES ET DES ESPÈCES

DÉCRITS DANS CET OUVRAGE.

INDEX

ALPHABETICUS ET SYNONYMICUS

GENERUM SPECIERUMQUE

IN HOC OPUSCULO DESCRIPTORUM. (1)

<table>
<tr><td></td><td></td><td>Pages.</td></tr>
<tr><td>ACHATINA. Lam</td><td>.....................</td><td>34</td></tr>
</table>

ACHATINA. *Lam* 34

  Syn.   Bulimus (pars), *Brug.*—Helix (pars), *Gmel.*—Helicis subgenus cochlitoma et cochlicopa, *Fer.* — Buccinum (pars), *Mull.* — Bulla (pars), *Lin.*

ACHATINA a c i c u l a, *Lam* 34

  Syn.   Bulimus acicula, *Brug.* — Helix octona, *Gmel.*—Buccinum a c i c u l a, *Mull.* — Buccinum terrestre, *Schrot.* — L'Aiguillette, *Geoffr.*

ANCYLUS. *Geoffr.* .... *Mull.* 59

  Syn.   Patella (pars), *Lin.*---Ballinus, *Ocken.*

ANCYLUS f l u v i a t i l i s, *Mull* 61

  Syn.   Patella fluviatilis, *Dacosta.* — Ancylus riparius, *Desm.*

---

(1) *N. B.* N'ayant pas eu à ma disposition tous les ouvrages qui m'eussent été nécessaires pour donner la synonymie complète et vérifiée de tous les genres et de toutes les espèces que j'ai décrits, je m'en suis rapporté toutes les fois que je n'ai pu faire autrement, à la synonymie que je considère comme la plus exacte, celle de l'Iconographie de Rossmassler.

Bulimus d e c o l l a t u s , *Brug*. 31

   Syn.   H e l i x d·e c o l l a t a , *Lin*.—Orbitina incomparabilis et truncatella , *Risso*. (pulli bul decollati).

Bulimus o b s c u r u s , *Drap* 32

   Syn.   Helix obscura , *Mull*. — Rulimus hordeaceus , *Brug*.—Ena obscura, *Leach*.—Turbo rupium , *Dacost*.—Le grain d'orge , *Geoffr*.

Bulimus s u b c y l i n d r i c u s ,. 33

   Syn.   Bulimus lubricus, *Brug*., *Drap*.--Achatina lubrica , *Menke*.—Helix lubrica , *Fer*.— H e l i x s u b c y l i n d r i c a , *Gmel*.

CARYCHIUM. *Mull*. . . . . 44 et 98

   Syn. Auricula (pars), *Drap*.—Helix (pars) , *Gmel*. — Bulimus (pars) , *Brug*. — Turbo (pars), *Dillw*.

Carychium m i n i m u m , *Mull*. . . . . 44 et 98

   Syn.   Auricula minima , *Drap*. — Helix carichium , *Gmel*. — Bulimus minimus , *Brug*. — Turbo carichium , *Dillw*.

CLAUSILIA. *Drap* 35

   Syn.   Helix (pars), *Lin*.—Bulimus (pars), *Brug*.—Volvulus, *Ocken*. — Turbo (pars), auct. vet. — Helicis subgenus cochlodina, *Fer*.

Clausilia l a m i n a t a , *Turt*. 35

   Syn.   Clausilia bidens, *Drap*. — Helix bidens, *Mull*. — Hel. derugata, *Fer*. — Bulimus bidens, *Brug*. — Turbo bidens, *Gmel*.—T u r b o l a m i n a t u s , *Mont*.

Syn.   Limax cinereus, *Mull.*?—Limax maximus? *Lin.*

LIMAX a g r e s t i s , *Lin*.................. 8

Syn.   Limax agrestis et sylvaticus, *Drap.—Lim.* Albidus, *Mull.*?

LIMAX g a g a t e s , *Drap*................. 8

LIMAX m a r g i n a t u s , *Drap.... Gmel?....* 7

Syn.   Arion marginatus, *Porro.*

LIMAX v a r i e g a t u s , *Drap*............. 7

Syn.   Limax cinereus, *Mull.*?

LYMNŒA. *Lam*................... 54 et 101

Syn. Lymneus, *Drap.*—Helix (pars), *Lin.* —Bulimus (pars), *Brug.*—Buccinum (pars), *Mull.*—Stagnicola et gulnaria, *Leach.*—Omphiscola, *Raf.*—Neritostoma, *Klein.*—Radis, *Montf.*

LYMNŒA a u r i c u l a r i a , *Lam*............ 55

Syn.   Lymneus auricularius, *Drap.* — H e l i x a u r i c u l a r i a , *Lin.*—Bulimus auricularius, *Brug.*—Buccinum auricula, *Mull.* — Radix auriculatus, *Montf.* — Gulnaria auricularia, *Leach.* — Le radis ou buccin ventru, *Geof.*

LYMNŒA l e u c o s t o m a , *Lam*............ 58

Syn.   Lymneus elongatus, *Drap.* — Lymnœa elongata, *Mill.*—Lymnœa octona, *Flemm.* —Bulimus leucostoma, *Poir.*—Helix octanfracca, *Mont.*—Helix octona, *Penn.*—Stagnicola octanfracca, *Leach.*

9 *

---

(1) La véritable *Physa fontinalis* se trouve dans un ruisseau marécageux au Lin.

Syn.   Turbo nautileus, *Lin.*

VAR. *A.*

Syn.   Planorbis cristatus, *Drap.*

VAR. *B.*

Syn.   Planorbis imbricatus, *Mull.....Drap...*

PLANORBIS   n i t i d u s , *Mull.................* 50 et 101

VAR. *A.*

Syn.   Planorbis nitidus, *Drap.*—Helix nitida ,
Gmel. — Segmentina nitida , *Turt.* — Seg.
linearis , *Flemm.*—Hemithalamus lacustris,
Leach.—Nautilus lacustris , *Mont.*

VAR. *B.*

Syn.   Planorbis complanatns , *Drap.*—Pl. len-
ticularis , *Sturm.* — Pl. fontanus , *Turt.*—
Helix fontana , *Mont.* — Hel. lenticularis ,
Alten.

PUPA. *Drap.........................* 38 et 98

Syn.   Bulimus(pars), *Brug.*—Helix (pars),
Mull.—Helicis subgenera cochlodonta,
cochlogena, cochlostila, *Fer.*—Turbo
(pars), *Gmel.* — Chondrus , *Cuv.* —
Jasmimia, *Risso.* — Otala , *Shum.*—
Torquilla, *Faur-Big.*—Torq., pup. et
cylindrus , *Fitz.* — Pupilla et abida ,
Leach.—Odostomia , *Flemm.*—Ver-
tigo, *Mull.*

PUPA g o o d a l i i , *Mich.................* 42

Syn.   Helix goodalii, *Fer.*—Achatina goodalii ,
Rossm.—Azeca tridens , *Alder.*—Azeca ma-
toni , *Turt.*—Turbo tridens , *Pult.*

Syn.   Succinea amphybia , *Drap.* — H e l i x p u t r i s , *Lin.*—Hel. succinea , *Mull.*— Hel. limosa, *Dillw.* — Bulimus succineus , *Brug.* — Amphibina putris, *Hartm.* — Tapada putris . *Stud.* — Neritostoma vetula , *Klein.*—L'Amphibie ou l'ambrée , *Geoff.*

TESTACELLUS. *Faur-Big.* 6

Syn.   Testacella , *Drap.*

Tᴇsᴛᴀᴄᴇʟʟᴜs h a l i o t i d œ u s , *Faur-Big* 9
Syn.   Testacella haliotidœa , *Drap.*

UNIO. *Retzius* . . . .—*Brug* . . . . 77 et 102

Syn.   Mya (pars), *Lin.* — Obovaria, pleurobema , lampsilis , metaptera , troncilla, obliquaria , *Raf.* — Margitana et unio , *Shum.* — Unio et lymnium, *Ock.* — Lymnea (pars), *Poli.*—Musculus (pars), *Klein.* ?—Mysca , *Turt.*

Uɴɪo l i t t o r a l i s , *Lam.* 85

Uɴɪo m a r g a r i t i f e r , *Retz.* (1) (non Drap.) 83
Syn.   Unio elongata, *Mich.*—U. elongatus , *Nils.* —U. margaritifera , *Pfeif.*

Unio m o q u i n i a n u s , *Dup.* 80

Uɴɪo p i c t o r u m , *Drap.* . . . . 78 et 102
Syn.   (Junior) Unio rostrata , *Mich.*—Mya pictorum, *Lin.*—Mysca pictorum , *Turt.* ?
Vᴀʀ. *B.*
Syn.   Unio Requienii, *Mich.* ?

Uɴɪo s i n u a t u s , ... 84

---

(1) Quoique Retz eût écrit *Unio margaritiferus* , je crois devoir conserver le nom d'*U. margaritifer* , qui est plus conforme aux règles de la formation des mots.

TABLE DES MATIÈRES.

140

EXPLICATION DE LA PLANCHE.

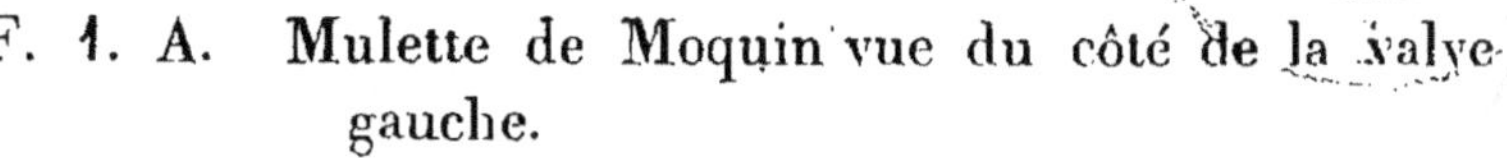

————

F. 1. A. Mulette de Moquin vue du côté de la valve gauche.

Unio Moquinianus.

B. La même, vue par le dos.

C. La charnière.

F. 2. Même espèce, échantillon plus haut et très-erodé.

F. 3. A. La même, plus jeune et plus sinuée inférieurement.

B. Charnière de cette dernière dont la dent cardinale
est moins conique.

J'ai fait figurer les trois formes principales de cette espèce
de grandeur naturelle; on trouve cependant quelquefois
des individus d'un tiers plus grands que la fig. 1.

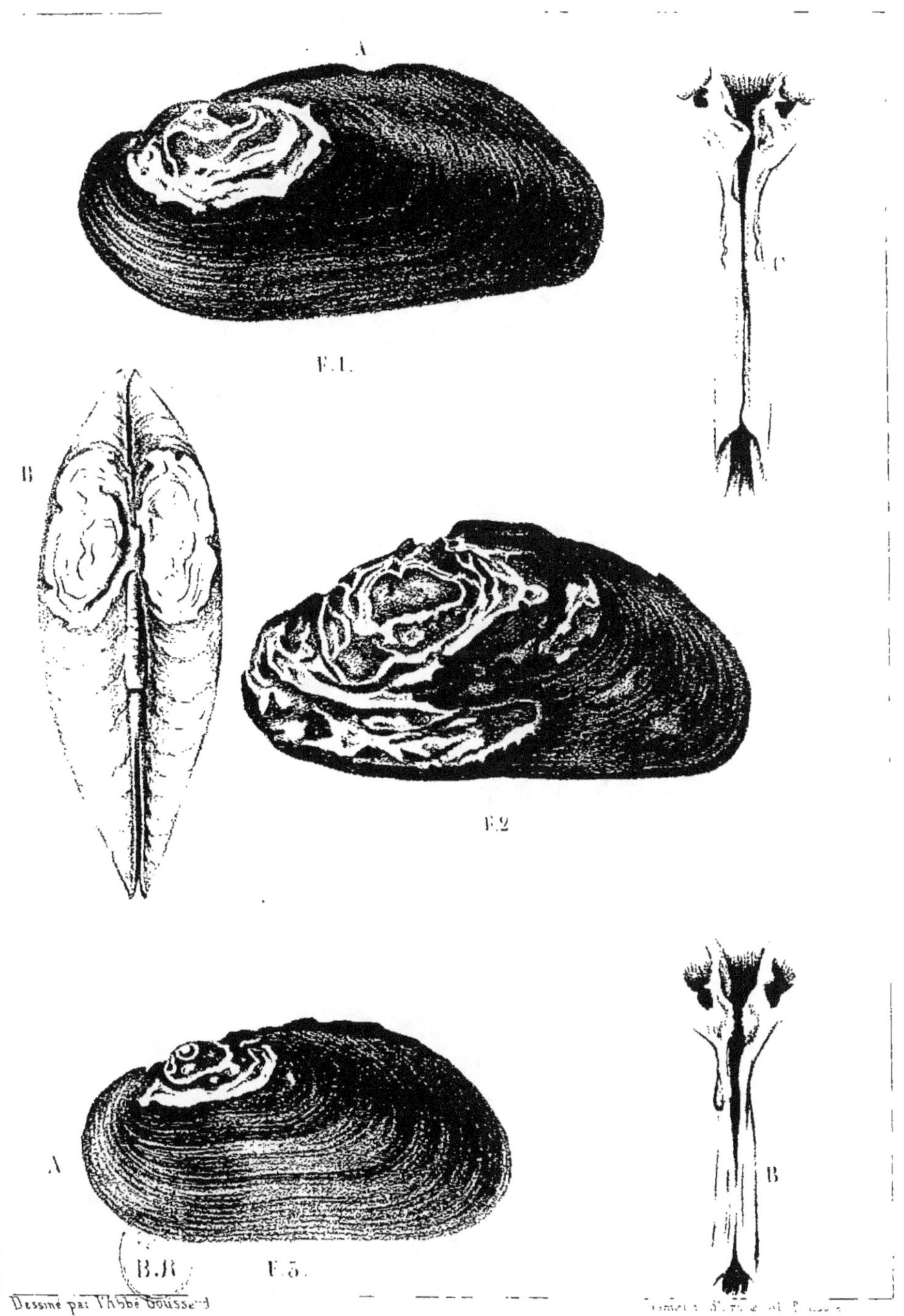

UNIO MOQUINIANUS

TABLEAU SYNOPTIQUE

DE LA

CLASSIFICATION ADOPTÉE DANS L'ESSAI SUR LES MOLLUSQUES TERRESTRES ET FLUVIATILES

DU DÉPARTEMENT DU GERS.

				FAMILLES.	GENRES.	Pages.
MOLLUSQUES.	GASTÉROPODES.	PULMONÉS.	INOPERCULÉS.			
			TERRESTRES	LIMACIENS.	1. Arion	4
					2. Limace	6
					3. Testacelle	9
				LIMAÇONS.	4. Vitrine	10
					5. Hélice	12
					6. Succinée	30
					7. Bulime	31
					8. Agathine	34
					9. Clausilie	35
					10. Maillot	38
				AURICULES.	11. Carychie	44
			AQUATIQUES.	LYMNÉENS.	12. Planorbe	45
					13. Physe	52
					14. Lymnée	54
				ANCYLES	15. Ancyle	59
		OPERCULÉS.		TURBICINÉS.	16. Cyclostome	62
	PECTINIBRANCHES			TURBINÉS	17. Paludine	65
					18. Valvée	68
				NÉRITACÉS.	19. Nérite	69
ACÉPHALES.	TESTACÉS.	LAMELLIBRANCHES.		SUBMYLILACÉS	20. Anodonte	72
					21. Mulette	77
				CONCHACÉES.	22. Cyclade	88